はじめに

　農業の規模拡大や法人化、多様化に伴い、経営を支える基幹的労働者に加えて、パート・アルバイト労働者や外国人材、農業の未経験者など、多くの雇用労働力を必要とする経営が増加しています。これら従業員の労務管理は一般企業並み、あるいはそれ以上に複雑化しており、農業の特性に配慮しつつ、それぞれの経営体に合わせた合理的な労務管理を行うとともに、透明性のある賃金制度や人事評価制度の構築が必要になっています。

　本書は、採用から退職に至るまでの労働条件の決定と就業規則の作成、安全衛生や福利厚生を含む労務管理全般について、労働基準法等の労働法令を踏まえて丁寧に解説。労働保険（労災保険、雇用保険）、社会保険（健康保険、厚生年金保険等）の基本的な仕組みと手続きも充実させた一問一答集です。平成17年11月の初版刊行以降3回にわたり版を重ね、全国の農業経営者・関係者に広くご活用頂いてきました。

　今回の改訂では、働き方改革の進展に伴う副業・兼業の容認や年休5日の取得義務化、「シフト制」の導入、パワハラ・セクハラの取り扱い、特定技能外国人制度の導入など、近年の労働環境の変化に伴い重要と考えられる12の設問を追加。大幅追加に伴い3訂と銘打ち、さらに充実した一問一答集となっています。

　筆者は、一般社団法人全国農業会議所、公益社団法人日本農業法人協会の顧問社労士などとして、また、全国各地で研修会の講師として活躍される農林漁業分野の社会保険労務士の第一人者です。

　本書が、優秀な人材の採用と育成、合理的な労務管理を通じて経営発展を行おうとする農業経営者・関係者に役立ち、知りたいことに答えてくれる図書として広くご活用頂ければ幸いです。

令和4年12月

一般社団法人　全国農業会議所

Ⅱ　労働・社会保険のＱ＆Ａ

囲み記事の掲載ページ

ワンポイント

Ⅰ 労務管理の Q&A

第1章　労務管理とは

 Q1 労務管理とは、具体的にどのようなことをするのですか？

A 労務管理とは、従業員の能率を長期間にわたって高く維持し、上昇させるための一連の施策をいいます。

　労務管理とは、従業員の能率を長期間にわたって高く維持し、上昇させるための一連の施策をいいます。

　具体的には、従業員の募集・採用から始まり、賃金や労働時間の管理、人事考課、教育・研修、昇格・昇進、異動・配置、昇給・賞与、退職・再雇用に至るまで、従業員に関する全ての施策です。

　一般的に農業経営の規模拡大や法人化に伴い、経営を支える基幹労働者に加えてパートタイム労働者や季節労働者、外国人材など多くの雇用労働力を必要とする経営が増加しており、これら従業員の労務管理は複雑・多様化しています。このような経営においては、従来の慣習や「カン」に頼るのではなく、より近代的な労務管理を行っていく必要があります。また、経営を支える有能な人材の必要性が高まる中、労働条件の改善・快適化や福利厚生の充実を図ることにより、他産業並みの労働条件を確保することが農業の最重要課題になっています。

　労務管理
- 募集・採用
- 労働時間管理
- 賃金・賞与
- 人事考課
- 教育・研修
- 昇格・昇進・昇給
- 異動・配置
- 退職・再雇用　等

目　的 → 従業員の能率を長期間にわたって高く維持・上昇させる

労務管理をするうえで必要な知識

　労務管理をするうえで、基本的に知っておかなければならない知識は、労働基準法、労働安全衛生法等の労働法令や労災保険・雇用保険・健康保険・厚生年金保険等の労働・社会保険の知識です。

　とくに労働基準法は、憲法第25条1項（生存権）と憲法第27条2項（勤労条件の基準）を具体的に法律にしたもので、労務管理をするうえで最も基本的かつ重要な法律です。

従業員の定着は労務管理次第

　労務管理は、従業員の仕事に対する意欲を失わせたり、損なわないようにするために行うものであると言うこともできます。したがって、やる気を失くして辞めていく従業員が後を絶たない職場は、多くの場合、労務管理に問題があります。

　とくに農業は零細企業が多いので、労務管理を行うのは、ほとんどの場合事業主自身です。事業主の行動、言動、態度、対応すべてが労務管理に係っているといっても過言ではないでしょう。

労務管理の基本は労働時間管理

　労働契約とは、労働に対する対価として時間を拘束し、その時間については指揮命令関係が発生し、それに対して賃金を支払うという契約です。

　したがって、賃金は労働時間に対して支払います。事業主は労働者が労働した時間分の賃金を支給する義務を負うことになるわけです。

　これは時給制の場合はもちろんのこと、日給制でも月給制でも同様です。したがって、使用者は従業員の労働時間を適正に把握・算定しなければなりません。

　労務管理は、従業員の毎日の労働時間をきちんと管理することから始まります。労働時間管理が労務管理の基本といわれる理由です。

参 考

憲法と労働基準法

<憲法第25条第1項>

　すべて国民は、健康で文化的な最低限度の生活を営む権利を有する。

<憲法第27条第2項>

　賃金、就業時間、休憩その他の勤労条件に関する基準は、法律でこれを決める。

<労働基準法第1条>

　労働条件は、労働者が人たるに値する生活を営むための必要を充たすべきものでなければならない。

② この法律で定める労働条件の基準は最低のものであるから、労働関係の当事者は、この基準を理由として労働条件を低下させてはならないことはもとより、その向上を図るように努めなければならない。

Q2　労働基準法は、どのような法律ですか？

 労働基準法は労働者を保護することを目的として、「労働条件の最低基準」を定めた法律です。

　労働基準法は、憲法第25条第1項（生存権）と憲法第27条第2項（勤労条件の基準）を具体的に法律にしたものです。この法律は、労働者の保護を目的とした法律であり、総則、労働契約、賃金、労働時間・休憩・休日及び年次有給休暇、安全及び衛生、年少者・女子、技能者の養成、災害補償、就業規則、寄宿舎、監督機関、雑則、罰則の13章からなります。

　労働基準法で定める規定は、「労働条件の最低基準」ですので、労使ともにこの法律で定める基準を上回るよう努力することが望まれます。

強行法規・取締法としての性格

　強行法規としての性格とは、労働基準法で定める基準に達しない労働条件を定める労働契約は、その部分が無効となるということです。たとえば、「年次有給休暇は、2年目から与える」とした労働契約は無効となり、使用者は労働者が6か月間継続して勤務し、全労働日の8割以上出勤した場合には10日間の有給休暇を与えなければならないことになります。取締法としての性格とは、労働基準法を遵守しない場合、罰則の適用があるということです。

農業と労働基準法

　たとえ1人でも労働者を雇い入れて農業を営む場合は、個人経営であれ法人経営であれ、労働基準法の適用を受けることになります。

　ただし、農業は、その性質上天候等の自然条件に左右されることを理由に、労働時間・休憩・休日に関する規程は、適用除外になっています。（年次有給休暇に関する規定は、適用除外ではありません。）また、この

法律でいう農業には、畜産や花卉栽培等も含まれます。

外国人労働者の扱い（労働基準法第３条）

　外国人も原則として労働基準法等の労働関係法令の適用があります。具体的には、労働基準法、最低賃金法、労働安全衛生法、労働者災害補償保険法等については、外国人についても日本人と同様に適用されます。労働基準法第３条は、労働条件面での国籍による差別を禁止しており、外国人であることを理由に低賃金で雇用することは許されません。この外国人労働者には、外国人技能実習生や特定技能外国人も含まれます。

労働契約法

　労働契約法は、労働者及び使用者の自主的な交渉の下で、労働契約が合意により成立し、又は変更されるという合意の原則を定め、また、その他労働契約に関し、従来からの判例法理を成文法化して基本的事項を定めることにより、合理的な労働条件の決定又は変更が円滑に行われるようにすることを通じて、労働者の保護を図りつつ、個別の労働関係の安定に資することを目的としています。

　労働基準法が、最低労働基準を定め、罰則をもってこれの履行を担保しているのに対し、労働契約法は個別労働関係紛争を解決するための私法領域の法律です。民法の特別法としての位置づけとしての性格を持つため、履行確保のための労働基準監督官による監督・指導は行われず、刑事罰の定めもありません。

その他の労働法（一部）

男女雇用機会均等法	募集・採用、配置・昇進・教育訓練、一定の福利厚生及び定年・解雇について女性に対する差別を禁止し、男女の均等確保の実現を目指し、女性労働者の能力発揮を促進する法律です。
育児・介護休業法	育児又は家族の介護を行う労働者の職業生活と家庭生活との両立が図られるよう支援することによって、その福祉を増進するとともに、あわせて我が国の経済及び社会の発展に資することを目的としています。
労働者派遣法	労働者派遣が行われる場合、派遣労働者は、雇用されている派遣会社ではなく、派遣先企業から指揮命令されて労働に従事することとなります。
高年齢者雇用安定法	企業における65歳までの継続雇用の推進を図る法律です
障害者雇用促進法	知的障害者を含めた障害者全般が社会の一員として自立するため、無料の職業適応訓練や事業主に障害者の雇用義務を課す等の施策を実施し、職業の安定を図り障害者の実質的平等の達成を目指すものです。
労働組合法	労働基準法、労働関係調整法と並ぶ労働三法の１つです。労働者が使用者との交渉で対等になるよう労働者の地位を向上させるのが目的で憲法第28条（「勤労者の団結する権利及び団体交渉その他の団体行動をする権利はこれを保障する」）で保障されている労働者の団結権、団体交渉権、争議権を具体化しており、労組の法的保護を定めています。
労働関係調整法	労働争議の予防・解決をおもな目的とし，あわせてある種の争議行為を制限・禁止する法律です。

Q3 家族や親族にも労働基準法は適用されますか？

A 労働基準法は、家族のみを使用して事業を営んでいる場合やお手伝いさん等の家事使用人については適用されません。

労働基準法でいう労働者の定義は「職業の種類を問わず、事業又は事務所に（他人の指揮命令下で）使用され、（労働の対償として）賃金を支払われている者」（労働基準法第9条）をいいます。労働者には、パート労働者やアルバイトも含まれます。

労働者の判定基準

① 事業又は事務所に使用され使用者（他人）の指揮監督を受けているか

② 報酬の性格が使用者の指揮監督の下に一定時間労働を提供していることへの対価と判断されるかどうか

具体的な判断事例

① 家族従事者（同居の親族）

事業主と同居の親族については、給与の支払いを受けていても、事業主と同居及び生計を一にするものであり、原則として労働基準法上の労働者には該当しません。

ただし、同居の親族が従業員であっても、同居の親族以外の従業員を使用する事業において、一般事務又は現場作業等に従事し、かつ次の(ⅰ)及び(ⅱ)の条件を満たすものについては、独立した労働関係が成立しているとみられるので、労働基準法上の「労働者」として扱われます。

ⅰ）業務を行うにつき、事業主の指揮命令に従っていることが明確であること

ⅱ）就労の実態が当該事業場における他の労働者と同様であり、賃金

もこれに応じて支払われていること。とくに①始業及び終業の時刻、休憩時間、休日、休暇等及び②賃金の決定、計算及び支払いの方法、賃金の締切り及び支払いの時期等について、就業規則その他これに準ずるものに定めるところにより、その管理が他の労働者と同様になされていること

② 研修生

一般的に研修生は労働者ではありません。しかし、その実態によっては労働者とみなされます。名称は研修生でも事業主との間に指揮命令関係があり、労働の対償として賃金の支払等があれば労働基準法の労働者となります。

③ 農事組合法人又は集落営農組織の構成員

農事組合法人の構成員（組合員等）ではない賃金労働者は、労働基準法上の労働者として扱われますが、農事組合法人や集落営農組織の構成員は、一般に当該団体との雇用関係は認められません。たとえ構成員が時間当たりいくらという形で「賃金」を受けていたとしても、それは農事組合法人等への従事分量に応じた利益の分配の性格のものであり、「労働の対償としての報酬」である賃金ではありません。したがって、農事組合法人等の構成員は労働基準法上の労働者とは認められません。

ただし、その就労の実態や賃金の支払いの実態から明確に雇用関係があると認められる場合は、労働基準法上の労働者として扱っても差し支えないこととなっています。一般的には、「従事分量配当制」に対して「確定給与制」と呼ばれる農事組合法人の構成員が対象となります。雇用関係の判断基準としては、次の点が認められるかどうかがポイントとなります。

・当該団体の一体的な指揮監督を受けて当該団体の事業に常時従事する者である。
・明確な賃金が支給される者である。
・当該団体に労働者名簿、賃金台帳が整備されている。
・給与に係る所得税の源泉徴収が行われている。

農事組合法人又は集落営農組織の構成員等の扱い

構成員（出資者）		非構成員(賃金労働者)
従事分量配当	確定賃金	労働基準法上の労働者である。
労働基準法上の労働者としては扱われない。	就労の実態から明確に雇用関係が認められる場合は、労働基準法上の労働者として扱っても差し支えない。	

④　請負人

　請負契約とは、仕事の完成に対して報酬を支払うことを約束する契約です。請負契約による下請負人は、労務に従事することがあっても、労働者となりません。しかし、請負の形式をとっても、その実態において使用従属関係が認められるときは、当該関係は労働関係であり、当該請負人は労働者となります。

⑤　ボランティア

　雇用は、被用者が使用者に対して労働に従事することを約し、被用者は使用者の指揮命令下で労働し、使用者がその労働に対して被用者に報酬を与えることを内容とする契約と解され、一方、ボランティアは、他人からの指揮命令を受けてする活動ではなく、自主的な無償の奉仕活動と解されます。無償であるか有償であるかが大きな違いです。

⑥　外国人技能実習生・特定技能外国人

　外国人技能実習生は、正確には労働者ではありませんが、取り扱う上では外国人労働者に含まれるとしているので、技能実習生には、労働基準法、労働安全衛生法、最低賃金法、労働者災害補償保険法等の労働者に係わる諸法令が適用されます。

　特定技能外国人は労働者です。

　労働基準法第３条は、労働条件面での国籍による差別を禁止しているため、外国人であることを理由に日本人に劣る労働条件で雇用することは許されません。

労働基準法でいう使用者とは、具体的に誰になるので しょうか？

 労働基準法でいう使用者とは、「事業主又は事業の経営担当者 その他その事業の労働者に関する事項について、事業主のため に行為をするすべての者」（労働基準法第10条）をいいます。また、事業 主とは、事業主体のことをいい、個人企業では事業主個人、法人企業で は法人そのものをいいます。

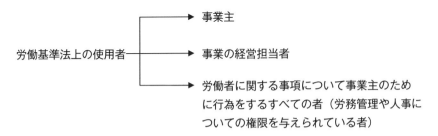

労働基準法上の使用者

→ 事業主

→ 事業の経営担当者

→ 労働者に関する事項について事業主のため に行為をするすべての者（労務管理や人事に ついての権限を与えられている者）

参　考

労働基準法の両罰規定

　労働基準法の違反行為を行った者が、事業主のために行為した代理人、使用 人その他の従業員である場合、違反行為をした者を罰するほか、事業主に対し ても各本条の罰金刑が科せられることになります。

　たとえば、法人の代表者が労働基準法第24条の規定に違反して賃金を支払わ なかった場合、違反行為者である法人の代表者に対し同上違反の罰則が適用さ れ、さらに、両罰規定により、事業主である法人そのものに対しても罰金刑が 科せられます。

Q5 労使間のトラブルが起きないようにするにはどうしたらよいでしょう？

A トラブルは多くの場合、労働条件が不明確なことにより生じています。また、労使間のコミュニケーション不足も多くの場合、トラブルの原因となっています。

　トラブルの原因の多くは、不明確な労働契約にあり、本をただせば経営者の知識不足によるところがほとんどです。インターネットや書店で労働者が簡単に法的情報が入手できる時代です。また、労働者の権利意識も高く、労使間のトラブルは絶えません。

採用時に注意すること

　募集・採用決定後、従業員が職場に通うようになってしばらく経ってから、当該従業員が「労働条件が事前の話と違う」といってくるトラブルが後を絶ちません。こういうトラブルを防ぐためには、採用決定後、入社日前に一度面会するようにし、労使が対等な立場で労働条件の確認をするようにしましょう。従業員の採用にあたっては、労働基準法により、重要な労働条件の書面による明示が義務付けられています。後から「あの時言った」「いや聞いていない」など見苦しいことが起きないように、入社日以前にきちんと労働条件を詰めて書面にすることが非常に重要です。

　なお、労働条件は、とくに賃金、労働時間、休日の３点が重要なポイントです。

コミュニケーション不足が原因

　従業員との間に十分なコミュニケーションが取れていないというのが、従業員とのトラブルが頻繁な経営者の特徴です。反対に日頃から労使の間でコミュニケーションが密な事業所は雇用に係るトラブルが少ないものです。したがって、雇用に係るトラブルを未然に回避するための

ポイントは、従業員とのコミュニケーションを密にすることにありますが、それでも万が一問題が発生したときは、冷静に従業員の話を聞くことが重要です。感情的になると、まとまる話もこじれて大きな問題へと発展していくことになります。

解雇ではなく退職を促す

　「勤務状況が著しく不良な従業員がいてどうしても解雇したいのだけど」という相談をよく受けます。こういう場合、客観的に見て解雇もやむを得ないケースが多いのですが、なるべく解雇することは避け、本人が自主的に退職するよう働きかけてください。

　具体的には、当該従業員本人の将来について、労使で率直によく話し合ってください。この話し合いのポイントは、①本人に対し将来に目を向けさせること、また、②退職が人生の転機となることを悟らせることです。労使が互いに感情的になり、建設的な話し合いが困難な場合もありますが、雇用した側の責務として、退職していく従業員が、その後より幸せに生きていくことができるように努力することも経営者としての仕事です。

Q6 従業員に関するデータで、必ず書類にして備え付けておかなければならないものはありますか？

A 労働者名簿、賃金台帳、出勤簿のいわゆる法定三帳簿と、健康診断個人票です。（労働基準法第107条〜第109条、安全衛生法第66条の3、則第51条）

　2019年4月から年次有給休暇管理簿の作成・備え付けが義務づけられました。従業員を管理するうえで、必ず整備しなければならない記録はいくつかあり、その中には、書類として法律で備え付けが義務付けられているものもあります。労働基準監督署等の突然の調査などがあっても困ることがないように日頃から整備しておいてください。

　使用者が必ず整備しておかなければならない従業員に関する書類は次のとおりです。

1．労働者名簿（16ページ参照）

　記載しなければならない事項は、次のとおりです。①氏名、②生年月日、③履歴、④性別、⑤住所、⑥従事する業務の種類、⑦雇い入れの年月日、⑧退職の年月日およびその事由（退職の事由が解雇の場合は、その理由を含む）、⑨死亡の年月日およびその原因

　労働者名簿は従業員退職後も3年間の保存義務があります。

　なお、日々雇入れられる者については、調製する必要がありません。

2．賃金台帳（17ページ参照）

　記載する事項は次のとおりです。①氏名、②性別、③賃金計算期間、④労働日数、⑤労働時間、⑥時間外労働、休日労働、深夜労働の時間数、⑦基本給・手当・その他賃金の種類ごとにその額、⑧賃金の一部を控除した場合はその額

　なお、年末調整の際に使用する源泉徴収簿は、記載事項を満たしていないので、賃金台帳としては認められません。

　また、労働者名簿と異なり、日々雇入れられる者についても、調製する必要があります。
　保存期間は3年間です。

3．出勤簿またはタイムカード（18ページ参照）

　各月の出勤状況が確認できるもの（タイムカード等記録、残業命令書及びその報告書等）です。使用者には、労働時間の管理義務があるので、始業と終業の時刻の記載も必要です。保存期間は最後の記載がなされた日から3年間です。

4．健康診断個人票

　従業員が健康診断を受けると、実施した医療機関から各人の診断結果が提出されます。使用者は、この診断結果の保存が義務付けられています。この健康診断個人票は、重大な個人情報なので厳重な保管がとくに必要です。保存期間は5年間です。

5．年次有給休暇管理簿

　年次有給休暇の管理簿です。対象は、年に10日以上有給休暇を付与された従業員です。（詳しくはQ38参照）

社員番号：

労 働 者 名 簿

フリガナ			生年月日	年　月　日	性別	
氏　名						

フリガナ	(〒　　－　　　)	電話
現住所		

フリガナ	(〒　　－　　　)	電話
連絡先		

雇用年月日	年　月　日	退職年月日	年　月　日
退職事由	自己都合・定年・解雇・死亡・その他（　　　　　）		
備考（保証人等）			

従事する業務の種類

職　歴

年月日	所属	経歴・役職・技能・資格・特記事項　等

雇用保険被保険者番号	（資格取得日　　年　月　日）
基礎年金番号	（資格取得日　　年　月　日）
健康保険被保険者番号	（資格取得日　　年　月　日）

扶養家族 氏名・続柄（生年月日） 同居の有無　他	・（　年　月　日） 同居・別居	・（　年　月　日） 同居・別居
	・（　年　月　日） 同居・別居	・（　年　月　日） 同居・別居
	・（　年　月　日） 同居・別居	・（　年　月　日） 同居・別居

保存年限：退職・解雇または死亡の日から３年

様式第20号

令和　　年　　賃　金　台　帳　（常時使用される労働者に対するもの）

会社名		

生年月日	雇入年月日	従事する業務	氏名	性別
年　月　日	年　月　日			

	1月分	2月分	3月分	4月分	5月分	6月分	7月分	8月分	9月分	10月分	11月分	12月分	計
賃金計算期間													
労働日数													
労働時間数													
休日労働時間数													
早出残業時間数													
深夜労働時間													
基本賃金													
所定時間外割増賃金													
手当													
小計													
臨時の給与													
賞与													
合計													
控除 健康保険料													
厚生年金保険料													
雇用保険料													
市民税													
除 給与所得税													
差引合計額													
額 実物給与額													
差引支給額													
領収者印													

年　　　　月分

勤 務 状 況 報 告 書

氏名：

日付	曜日	始業	就業	休憩	実績時間				遅刻	早退	時間外労働の理由等	確認
					労働時間	時間外	深夜	休日				
		：	：	：	：	：	：	：	：	：		
		：	：	：	：	：	：	：	：	：		
		：	：	：	：	：	：	：	：	：		
		：	：	：	：	：	：	：	：	：		
		：	：	：	：	：	：	：	：	：		
		：	：	：	：	：	：	：	：	：		
		：	：	：	：	：	：	：	：	：		
		：	：	：	：	：	：	：	：	：		
		：	：	：	：	：	：	：	：	：		
		：	：	：	：	：	：	：	：	：		
		：	：	：	：	：	：	：	：	：		
		：	：	：	：	：	：	：	：	：		
		：	：	：	：	：	：	：	：	：		
		：	：	：	：	：	：	：	：	：		
		：	：	：	：	：	：	：	：	：		
		：	：	：	：	：	：	：	：	：		
		：	：	：	：	：	：	：	：	：		
		：	：	：	：	：	：	：	：	：		
		：	：	：	：	：	：	：	：	：		
		：	：	：	：	：	：	：	：	：		
		：	：	：	：	：	：	：	：	：		
		：	：	：	：	：	：	：	：	：		
合　　計					労働時間	時間外	深夜	休日	遅刻	早退		
					：	：	：	：	：	：		

出勤日数	日		
休日出勤	日		
年次休暇	日		
特別休暇	日		

＜特記事項等＞

Q7 最近、知り合いの農家 (法人) に労働基準監督署の調査が入り、いろいろと指導があったと聞きました。労働基準監督署とは何をする役所なのでしょうか？

A 労働基準監督署は、厚生労働省の第一線機関であり、全国に321署と４支署あります。労働基準監督署の内部組織は、労働基準法などの関係法令に関する各種届出の受付や、相談対応、監督指導を行う「方面」(監督課)、機械や設備の設置に係る届出の審査や、職場の安全や健康の確保に関する技術的な指導を行う「安全衛生課」、仕事に関する負傷などに対する労災保険給付などを行う「労災課」、会計処理などを行う「業務課」から構成されています (署の規模などによって構成が異なる場合があります)。

1．方面 (監督課) の主な仕事
⑴　申告・相談の受付
　事業主等が自分の会社の労働条件が労働基準法を下回っていないか等の法定労働条件に関する相談を持ち込んだり、労働者が自分が勤める会社が労働基準法などに違反している事実について行政指導を求める申告を受け付ける窓口です。
⑵　臨検監督 (監督指導)
　労働基準法などの法律に基づいて、定期的にあるいは働く人からの申告などを契機として、事業場 (工場や事務所など) に立ち入り、機械・設備や帳簿などを調査して関係労働者の労働条件について確認を行います。その結果、法違反が認められた場合には事業主などに対しその是正を指導します。また、危険性の高い機械・設備などについては、その場で使用停止などを命ずる行政処分を行います。
　お知り合いの農家の調査の件もこの臨検監督だと思われますが、原則として事前連絡なく抜き打ちで行われます。
⑶　司法警察事務
　事業主などが、度重なる指導にもかかわらず是正を行わない場合など、

重大・悪質な事案については、労働基準法などの違反事件として取調べ等の任意捜査や捜索・差押え、逮捕などの強制捜査を行い、検察庁に送検します。

2．安全衛生の主な仕事

　労働安全衛生法などに基づき、働く人の安全と健康を確保するための措置が講じられるよう事業場への指導などを行っています。具体的には、クレーンなどの機械の検査や建築工事に関する計画届の審査を行うほか、事業場に立ち入り、職場での健康診断の実施状況や有害な化学物質の取扱いに関する措置（マスクの着用など）の確認などを行っています。

3．労災課の主な仕事

　労働者災害補償保険法に基づき、働く人の業務上または通勤による負傷などに対して、被災者や遺族の請求により、関係者からの聴き取り・実地調査・医学的意見の収集などの必要な調査を行った上で、事業主から徴収した労災保険料をもとに、保険給付を行っています。また、労災保険の加入手続きも労災課の仕事です。

臨検監督の一般的な流れ

数年前から「働き方改革」という言葉をよく耳にしますが、具体的にはどのような改革が進んでいるのでしょうか？

 「労働時間に関する制度の見直し」と「雇用形態にかかわらない公正な待遇の確保」が大きな柱です。

働き方改革とは

　2018年6月29日に参院本議会で「働き方改革関連法案」（正式名称:働き方改革を推進するための関係法律の整備に関する法律案)が可決・成立し、2019年4月1日に施行しました。同法案は、雇用対策法、労働基準法、労働時間等設定改善法、労働安全衛生法、じん肺法、パートタイム労働法（パート法）、労働契約法、労働者派遣法の労働法の改正を行う法律の通称で、

イ「働き方改革の総合的かつ継続的な推進」

ロ「長時間労働の是正と多様で柔軟な働き方の実現等」

ハ「雇用形態にかかわらない公正な待遇の確保」

の3つを柱としています。

　このうち、一般的に最も企業に与えるインパクトが大きかったのが、「長時間労働の是正と多様で柔軟な働き方の実現等」の中の「労働時間に関する制度の見直し」でした。労働基準法の労働時間に関する規定の修正等が含まれ、多くの企業等がその対応に追われました。しかし、農業はそもそも労働基準法の労働時間関係が適用除外であるため、この「労働時間に関する制度の見直し」は、現場に大きな変化を及ぼしていません。

　もう一つの大きな柱である「雇用形態にかかわらない公正な待遇の確保」についてですが、農業では賃金を農作業担当と事務担当というように職務で分けているケースが多く、また正規も月給制ではなく、非正規と同じ時給制で支払っており、かつ大きな差を設けていないというケースも一般的であるため、「働き方改革」をもって労働条件や会社規定等の

見直しを迫られる事業体も一般企業等と比較すれば多くはなかったと言ってよいでしょう。

　これらを踏まえ、現状、農業の事業体は国が推進する「働き方改革」への対応の必要性は、他産業と比較すれば改善・変更等の法的義務が少ないこともあり高くないということが言えます。しかし、当然のことですが、「だから農業は働き方改革が必要ない」ということではありません。むしろ、個々の事業体が自社の働き方の見直しや労働環境の改善に取り組まなければ、他産業との労働条件や労働環境の差はさらに広がり、良い人材の確保がますます難しくなる可能性が高いともいえるでしょう。

●働き方改革の３つの柱

イ　働き方改革の総合的かつ継続的な推進

　働き方改革に係る基本的考え方を明らかにするとともに、国は、改革を総合的かつ継続的に推進するための「基本方針」（閣議決定）を定める。

　具体的には、国の講ずべき施策として、現行の雇用関係の施策に加え、次のような施策を新たに規定する。

・労働時間の短縮その他の労働条件の改善
・雇用形態又は就業形態の異なる労働者の間の均衡のとれた待遇の確保
・多様な就業形態の普及
・仕事と生活（育児、介護、治療）の両立

ロ　長時間労働の是正、多様で柔軟な働き方の実現等（施行は、2019年４月１日、但し中小企業における残業時間の上限規制の適用は2020年４月１日、月60時間超の残業の割増賃金引き上げの適用は2023年４月１日）

①労働時間に関する制度の見直し	ⅰ）長時間労働の是正	イ）罰則付き時間外労働の上限規制の導入	労働基準法36条で定める時間外労働の限度は、改正前は「厚生労働大臣の限度基準告示」だったが、改正により、告示内容を法律に格上げされた。具体的には、改正前は罰則等による強制力がなかったものが、改正後は違反には罰則が科せられるようになった。	農業は適用除外

		ロ）中小企業における月60時間超の時間外労働の50％割増賃金の適用猶予の廃止	平成22年4月1日から大企業については施行されていた、1か月60時間を超える時間外労働についての50％割増率賃金の支払い義務が、令和5年4月1日以降中小企業にも適用されることになる。	農業は適用除外
		ハ）一定日数の年次有給休暇の確実な取得	年に10日以上の年次有給休暇が付与される労働者に対し、そのうち5日について、使用者による時季指定付与を義務化した。	農業も適用あり
		ニ）労働時間の状況の把握の実効性確保	労働時間の状況を省令で定める方法により把握しなければならないこととされた。	農業も適用あり
	ⅱ）多様で柔軟な働き方の実現	イ）フレックスタイム制の見直し	現在1か月以内と決められている労働者が労働すべき時間を定める清算期間の上限が3か月に延長された。	農業は適用除外
		ロ）特定高度専門業務・成果型労働制（高度プロフェッショナル制度／対象業務は、アナリスト、コンサルタント、為替ディーラー、研究開発、金融商品の開発　等）	時間ではなく成果で評価される働き方を希望する労働者のニーズに応え、一定の年収要件（年間給与額1,075万円以上）を満たし、職務の範囲が明確で高度な職業能力を有する労働者を対象として、長時間労働を防止するための措置を講じつつ、時間外・休日労働協定の締結や時間外・休日・深夜の割増賃金の支払義務等の適用を除外した新たに特定高度専門業務・成果型労働制が設けられた。	農業は適用除外
②勤務間インターバル制度の普及促進	ⅰ）事業主は、前日の終業時刻と翌日の始業時刻の間に一定時間の休息の確保に努めなければならないこととする。（勤務間インターバル制度の普及促進）			農業も適用可
③産業医・産業保健機能の強化	ⅰ）事業者は、衛生委員会に対し、産業医が行った労働者の健康管理等に関する勧告の内容等を報告しなければならないこととする。（産業医の選任義務のある労働者数50人以上の事業場）　等			農業も適用あり
	ⅱ）事業者は、産業医に対し産業保健業務を適切に行うために必要な情報を提供しなければならないこととする。（産業医の選任義務 のある労働者数50人以上の事業場）　等			

ハ　雇用形態にかかわらない公正な待遇の確保（施行日は2020年4月1日（中小企業は2021年4月1日）

①不合理な待遇差を解消するための規定の整備	ⅰ）短時間・有期雇用労働者に関する正規雇用労働者との不合理な待遇の禁止に関し、個々の待遇ごとに、当該待遇の性質・目的に照らして適切と認められる事情を考慮して判断されるべき旨を明確化。（有期雇用労働者を法の対象に含めることに伴い、題名を改正（「短時間労働者及び有期雇用労働者の雇用管理の改善等に関する法律」））		農業も適用あり
	ⅱ）有期雇用労働者について、正規雇用労働者と①職務		

	内容、②職務内容・配置の変更範囲が同一である場合の均等待遇の確保を義務化。	
	ⅲ）派遣労働者について、①派遣先の労働者との均等・均衡待遇、②一定の要件（同種業務の一般の労働者の平均的な賃金と同等以上の賃金であること等）を満たす労使協定による待遇のいずれかを確保することを義務化。	
②労働者に対する待遇に関する説明義務の強化	短時間労働者・有期雇用労働者・派遣労働者について、正規雇用労働者との待遇差の内容・理由等に関する説明を義務化。	
③行政による履行確保措置及び裁判外紛争解決手段の整備	同一労働同一賃金の義務化や待遇差が発生した際の説明義務について、労働者にかわって行政による、履行確保措置および行政 ADR（Alternative Dispute Resolution）を整備する。	

Q9 役所や農協、一般企業で働いている人の副業や兼業として農産物の生産や出荷等の農業現場で働いてもらうための留意点を教えてください。

A 副業や兼業を希望する者は年々増加傾向にあります。農業の現場でも地元の農協職員等が副業として農家のお手伝いをしているケースは増えています。

　かつては、役所や民間企業等の多くが従業員の副業や兼業を原則として禁止にしていました。しかし、1990年代初頭のバブル経済崩壊後、長く続く不景気の影響で恒常的に残業が減り続ける中、一部の企業では残業減（所得減）で生活が苦しい従業員に対して副業を認めるケースが2000年代の初め頃から出てきました。

　副業や兼業について、裁判例では、労働者が労働時間以外の時間をどのように利用するかは、基本的には労働者の自由であり、各企業においてそれを制限することが許されるのは、例えば、下の①～④に該当する場合と解されています。

① 　労務提供上の支障がある場合
② 　業務上の秘密が漏洩する場合
③ 　競業により自社の利益が害される場合
④ 　自社の名誉や信用を損なう行為や信頼関係を破壊する行為がある場合

　裁判例を踏まえれば、原則、労働時間以外の時間については、労働者の希望に応じて、原則、副業・兼業を認める方向で検討することが求められるため、今後、副業・兼業で農業に携わる人は、ますます増えると考えられています。

安全配慮義務・・・労働者の健康に十分な配慮を

　労働者を使用する全ての使用者が安全配慮義務を負っていますが、副業・兼業に関して問題となり得る場合としては、使用者が、労働者の全

体としての業務量・時間が過重であることを把握できないことは当然考えられ、十分な配慮をしないまま、労働者の健康に支障が生るケースです。このようなことが起きないよう、

・使用者は、労働者に対し徹底した健康管理を常に促す

・労働者から、体調についての報告を密に受ける

等が考えられます。労働者への健康や安全への配慮を怠らないよう注意してください。

暫定任意適用事業は要注意！

　農業のうち個人経営で従業員が５人未満、かつ危険・有害作業をともなわない事業所は、暫定任意適用事業といい、労災保険が任意加入となっています（詳しくは、第12章労働・社会保険共通を参照）。そして、この事業所が任意加入の申請をしていないために労災保険の適用事業所として認可を受けていないときは、その事業所で働く労働者は労災保険による補償が受けられないことになります。この場合、万一、受け入れた労働者が仕事でけがをした場合、労働基準法による災害補償により、事業主が補償責任を果たすことになるので、労災保険の加入手続きを忘れずに行ってください。

第2章　労働条件・就業規則

Q10 労働条件を決定するうえで考慮すべきことは何ですか？

A 「労働条件は、労働者が人たるに値する生活を営むための必要を充たすべきものでなければならない」（労働基準法第1条）とされており、この「人たるに値する生活」とは、標準家族の生活も含むものと考えられています。

したがって、労働条件の最重要項目である賃金について、家族を扶養する義務のある正社員の賃金であれば、その額は客観的に判断して生計維持者の賃金としてふさわしい額でなければならないでしょう。

たとえば、使用者は最低賃金法で定められた地域別最低賃金を守ることは当然ですが、賃金額を決定するにあたって「最低賃金さえ守っていれば、労働者の年齢や扶養家族の有無等については検討の余地はない」と考えるのでは、労働条件の原則に背を向けることになるとも言えるでしょう。

また、「労働条件は、労働者と使用者が、対等の立場において決定すべきものである」（労働基準法第2条1項）とされており、「労働者及び使用者は、労働協約、就業規則及び労働契約を遵守し、誠実に各々その義務を履行しなければならない」（労働基準法第2条2項）とされています。

労働契約、就業規則、労働協約が、ある労働条件について異なる定めをしている場合は、労働契約よりも就業規則の効力が強く、さらに就業規則よりも労働協約の効力が強いという関係にあります。ただし、いずれも労働基準法に反することはできません。労働基準法を下回る労働条件については、その部分は無効となり、労働基準法の定める条件まで引き上げられることになります。

労働基準法 ＞　**労働協約** ＞　就業規則　＞　　労働契約

※　労働協約とは、労働組合と使用者又はその団体が、労働条件等について、書面を作成し、
　　両当事者が署名又は記名押印したもの

Q11 正社員と非正社員の違いは何ですか？

A 一般的に、正社員とは「期間の定めのない労働契約を締結している労働者」をいい、非正社員とは「期間の定めのある労働契約（有期労働契約）を締結している労働者」（有期契約労働者）、派遣労働者、パートタイム労働者等の正社員以外の労働者の雇用形態を総称する用語です。

　社会構造の変化に伴い、雇用形態の多様化が進展し、現在、3人に1人が非正社員と言われています。非正社員の法的な定義はありませんが、トラブルを防止するためにも自社内の雇用形態の区分として、その地位・定義・処遇等を明確化しておくことが重要です。

正社員

　一般的に正社員とは「期間の定めのない労働契約を締結している労働者」をいい、フルタイム勤務で長期雇用を前提にした労働者です。

　たとえば、定年制がある事業所であれば定年まで雇用することを前提として雇用される労働者であり、従業員教育と人事異動を通して職業能力を身につけ（キャリア形成）させていく労働者です。

非正社員

　非正社員とは、「期間の定めのある労働契約を締結している労働者」（有期契約労働者）等を指し、次に挙げるように様々な雇用形態があります。

① パートタイム労働者（パートタイマー）

　通常の労働者（いわゆる正社員）と比較し所定労働時間が短い労働者（短時間労働者）であり、多くの場合、雇用量の弾力調整の活用（いわゆる雇用の調整弁）として期間を定めて雇用されています。また、家事・育児等の私生活と調和をとった簡易雇用であり、通常、家計補助的な立場を前提として雇用されている労働者です。

　　また、次のような労働者も一般的にパートタイム労働者と呼ばれています。

　Ａ：短時間労働者であるが、恒常的に雇用され、比較的権限の重い仕事に従事している者

　Ｂ：雇用期間の定めはあるが、労働時間や勤務日数が正社員と同程度で、社会保険にも加入している者

　　農業の現場では、とくに期間を定めて労働契約を締結しないために、実態として「期間の定めのない労働契約を締結している」パートタイム労働者が数多くみられます。これらのパートタイム労働者も、フルタイムで働く正社員と区別するために通常「非正社員」と呼ばれ正社員と区別して扱われています。

②　アルバイト

　　パート労働者と比較して勤務が不規則または不定期で、所定時間外や深夜等、一般労働者の補填等に雇用されることも多い、学生・フリーター等を中心とする期間雇用者です。

③　契約社員

　　短期契約で雇用される形態を広く指していますが、①雇用期間に重点があり、雇用期間内での勤務義務や一定期間内での成果達成を目的として雇用される者、②業務の遂行目的に重点があり、企画、設計、プロジェクト完成等、比較的高度の専門職として雇用される者が一般的なケースです。

④　嘱託社員

　　種々の雇用形態を含む幅広い概念で、多様な雇用形態がこの名称で呼ばれており、一般には、従事業務を特定し、正社員への転換や登用を予定しない有期雇用契約が通例となっています。また、定年退職後に再雇用された労働者を指すことも多く、個人請負、業務委託、コンサルタント等も含むこともあります。

⑤　派遣社員（人材派遣社員）

　　自社の雇用する労働者を他社に派遣して他社の指揮命令の下に労働に従事させる者をいいます。「労働者派遣」は、法律（労働者派遣法）

で定める「自己の雇用する労働者を、当該雇用関係の下で、かつ、他人の指揮命令を受けて、当該他人のために労働に従事させることをいい、当該他人に対し当該労働者を雇用させることを約してするものを含まないものとする」という形態のもので、昭和61年から一定の要件のものに認められるようになりました。

Q12 人を雇い入れるとき、契約書は交わさないといけませんか？

A 後々のトラブル等を防止するためにも、労働条件を明示した書面を交付しなければなりません。（労働基準法第15条、則第5条第1項第1号～第4号、則第5条第1項第4号の2～第11号）

　労働契約は、法律上必ずしも書面の作成を必要とはしていませんが、労働契約に際し、使用者は労働者に対し重要な労働条件を書面を交付することによって明示しなければならないとされていますので、実務的には、労働条件を明示した「雇用契約書」（34ページ書式参照）を取り交すことや労働条件を明示した「労働条件通知書」を交付することが後々のトラブル等を防止する上でも必要なことになります。

　労働者に明示しなければならない労働条件は下記のとおりです。

1．必ず明示しなければならない事項

① 労働契約の期間（期間の定めがない場合は、「期間の定めなし」とする。）

② 就業の場所、及び従事すべき業務

③ 始業・終業の時刻、所定労働時間を超える勤務の有無、休憩時間、休日、休暇、交替制における就業時転換

④ 賃金に関する事項（決定、計算、支払方法、締切り、支払時期、昇給）

⑤ 退職（解雇の事由を含む）

2．定めをする場合には、明示しなければならない事項

⑥ 退職手当

⑦ 臨時で支払われる賃金、賞与等、最低賃金額

⑧ 労働者に負担させる食費、作業用品等

⑨ 安全及び衛生

⑩　職業訓練

⑪　災害補償及び業務外の傷病扶助

⑫　表彰及び制裁

⑬　休職

　上記1の必ず明示しなければならない事項（①〜⑤）については、書面による交付による明示が義務付けられています。（④賃金に関する事項のうち「昇給」に関する事項は除く。）

Ⅰ 労務管理のQ＆A

雇 用 契 約 書

	（以下甲という。）と　　　　　　　　　（以下乙という。）とは、下記労働条件で雇用契約を締結する。
・雇用期間 ・契約更新の有無	1．期間の定めなし
	2．期間の定めあり（平成　　年　　月　　日 ～ 平成　　年　　月　　日）
	3．「期間の定めあり」の場合の更新の有無　①　ある、　②　する場合がある、　③　ない
	4．更新する又はしない場合の判断基準（　　　　　　　　　　　　　　　　　　　　）
	5．5年を超える更新の有無　①　ある、　②　する場合がある、　③　ない
・就業の場所	
・従事する業務内容	
・繁閑の差の有無 ・始業、終業の時刻 ・所定労働時間 ・所定外労働の有無 ・休憩時間 ・就業時転換の有無	1．季節や月によって労働に繁閑の差が（有・無）
	2．始業・終業の時刻（1日の所定労働時間）　①　始業　：　～終業　：　（　　時間）
	②　始業　：　～終業　：　（　　時間）、③　始業　：　～終業　：　（　　時間）
	3．1か月の所定労働時間　①　1か月の所定労働時間が年間を通して変わらない場合_____時間
	②　月によって1か月の所定労働時間が異なる場合の月毎の所定労働時間
	4．1年間の所定労働時間 _____ 時間
	5．時間外労働の有無：有（①日・週・月・年　　時間以内、②日・週・月・年　　時間以内）・無
	6．休憩時間：①　：　～　：　、②　：　～　：　、③　：　～　：
	7．就業時転換（交代勤務）がある場合　①　始業　：　～終業　：　（　　時間）
	②　始業　：　～終業　：　（　　時間）、③　始業　：　～終業　：　（　　時間）
	（詳細は、就業規則による。）
・休　　　　日	1．定例日：毎週　　曜日、　　2．非定例日：　　　　　3．年間　　　日
・休　　　　暇	年次有給休暇（6か月継続勤務した場合：10・　日）、　　　　（詳細は、就業規則による。）
・基本給と諸手当 ・締切日と支払日 ・支払方法 ・賃金支払時の控除 ・昇給 ・賞与 ・退職金 ・試用期間中の賃金	1．基本賃金（時給　　円）（日給　　円）（月給　　円）（年間　　円）
	2．諸手当の額　①　　　手当　　　円（　　　　　）、②通勤手当（　　額）　　円
	③　　　手当　　　円（　　　　　）、④　　　手当　　　円（　　　　　）
	3．割増率：①時間外労働　　％、②休日労働　　％、③深夜労働　　％、④　　　％
	4．賃金締切日_____日、5．賃金支払日　当月・翌月_____日（ただし金融機関が休日の場合は前日）
	6．賃金支払方法　指定口座に振込み・現金、7．賃金支払時の控除：有（　　　　）・無
	8．昇給：有（　月）・無、9．賞与：年　回（　月、　月）、10．退職金：有・無
	11．試用期間中の賃金：　　　　　　　　　　　　　　（詳細は、就業規則による。）
・退職に関する事項 ・解雇の事由及び手続き	1．自己都合退職の手続（退職する_____日以上前に届け出ること）
	2．解雇の事由及び手続（　　　　　　　　　　（※詳細は、就業規則による。）
・労働・社会保険 ・試用期間	1．雇用保険の適用（有・無）、2．健康保険・厚生年金保険の加入（有・無）、3．企業年金（有・無）
	4．試用期間：有（1・2・3　か月間、令和　年　月　日～令和　年　月　日）・無

上記契約の証として本書2通を作成し、甲・乙各1通を保有する。
令和　　年　　月　　日

甲：

乙：

Q13 パートタイム労働者等と有期雇用契約を締結する際に注意しなければならないことは？

A パートタイム労働者等と有期労働契約を締結する場合、使用者は労働者に対して、当該契約の満了後における当該契約に係る「更新の有無」、「当該契約を更新する場合又はしない場合の判断基準」を明示しなければなりません。（労働基準法第14条第 2 項、平15.10.22基発1022001号）

　また、①使用者が雇止めをすることが客観的に合理的な理由を欠き、社会通念上相当であると認められないときは、雇止めが認められず（労働契約法19条）、②有期労働契約が反復更新されて通算 5 年を超えたときに、労働者の申込みによって使用者は無期労働契約に転換しなければなりません（労働契約法第18条）。

有期労働契約の締結時や更新時に契約書に必ず明示しなければならないこと

　契約期間満了時のトラブルを防止するために、パートタイム労働者等を有期労働契約で雇用する場合、労働契約の締結時に使用者は労働者に対して当該契約の満了後における当該契約に係る「更新の有無」、「当該契約を更新する場合又はしない場合の判断基準」を明示しなければなりません。具体的には、労働条件通知書や雇用契約書に記載することになります。

＜雇用契約書の記載例＞

雇用期間	令和 4 年 4 月 1 日　から　令和 5 年 3 月31日
契約更新の有無	ア.更新する　　④.更新する場合がありえる ウ.更新しない
更新する場合の判断基準	業務上の必要性があり、かつ本人の健康状態、能力等につき業務に支障がないと認められること、さらに人事評価結果を踏まえるものとする。

有期労働契約の雇止めの可否（労働契約法第19条）

　パートタイム労働者等が長期的な継続雇用の期待される状況になっている場合は、期間の定めのない契約と実質的に異ならない状態で雇用されていると認められ、更新を拒絶することは通常の解雇と同視されるので注意が必要です。

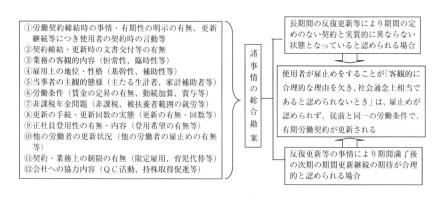

①労働契約締結時の事情・有期性の明示の有無、更新継続等につき使用者の契約時の言動等
②契約締結・更新時の文書交付等の有無
③業務の客観的内容（恒常性、臨時性等）
④雇用上の地位・性格（基幹性、補助性等）
⑤当事者の主観的態様（主たる生計者、家計補助者等）
⑥労働条件（賃金の定昇の有無、勤続加算、賞与等）
⑦非課税年金問題（非課税、被扶養者範囲の就労等）
⑧更新の手続・更新回数の実態（更新の有無・回数等）
⑨正社員登用性の有無・内容（登用希望の有無等）
⑩他の労働者の更新状況（他の労働者の雇止めの有無等）
⑪契約・業務上の制限の有無（限定雇用、育児代替等）
⑫会社への協力内容（ＱＣ活動、持株取得促進等）

諸事情の総合勘案

長期間の反復更新等により期間の定めのない契約と実質的に異ならない状態となっていると認められる場合

使用者が雇止めをすることが「客観的に合理的な理由を欠き、社会通念上相当であると認められないとき」は、雇止めが認められず、従前と同一の労働条件で、有期労働契約が更新される

反復更新等の事情により期間満了後の次期の期間更新継続の期待が合理的と認められる場合

＜雇止めの予告＞

　使用者は、有期労働契約の更新をしない場合には、少なくとも契約の期間が満了する日の30日前までにその予告をする必要があります。雇止めの予告が必要となる有期労働契約は次のようなケースです。

ア　有期労働契約が３回以上更新されている場合
イ　１年以下の契約期間の労働契約が更新または反復更新され、最初に有期労働契約を締結してから継続して通算１年を超える場合
ウ　１年を超える契約期間の労働契約を締結している場合

無期労働契約への転換（労働契約法第18条）

　同一の使用者との間で、有期労働契約が通算で５年を超えて繰り返し更新された場合は、労働者の申込みにより、無期労働契約（別段の定めがない限り、従前と同一の労働条件）に転換します。通算契約期間のカウントは、平成25年４月１日以後に開始する有期労働契約が対象です。
　なお、有期労働契約と有期労働契約の間に、空白期間（同一使用者の

下で働いていない期間）が6か月以上あるときは、その空白期間より前の有期労働契約は5年のカウントに含めません。通算対象の契約期間が1年未満の場合は、その2分の1以上の空白期間があれば、それ以前の有期労働契約は5年のカウントに含めません。

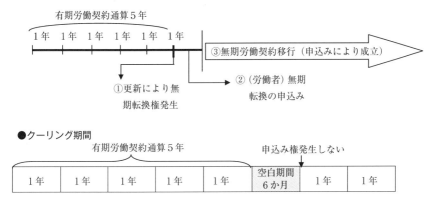

●クーリング期間

| 1年 | 1年 | 1年 | 1年 | 1年 | 空白期間
6か月 | 1年 | 1年 |

Q14　就業規則は必ず作成しなければいけませんか？

 就業規則は、常時労働者が10人以上いる事業場が作成を義務付けられています。（労働基準法第89条）

　就業規則とは、事業場で働く労働者の具体的な労働条件や守らなければならない規則のことをいいます。忙しい時だけ10人以上になる場合は該当しませんが、逆に一時的に９人以下になっても、パートタイマーやアルバイトも含めて大体労働者が10人以上いる事業場であれば、作成と労働者の意見聴取及び所轄労働基準監督署長への届出が義務付けられています。

　常時10人以上を使用していない使用者は、労働基準法上は、就業規則を作成する義務やたとえ作成しても所轄労働基準監督署への届出の義務を負っていませんが、労働者が職場で過ごすうえで守らなければならないルールですので、常時10人未満の事業場においても作成すべきでしょう。

　たとえば、始業時間や終業時間、昼休みの時間等は、就業規則を作成していない事業場でも決められているのが普通です。しかし、結婚したときや配偶者が出産したとき等に休暇が取れるのか、取れるとして何日休めるのか、といった細かいことまで就業規則もなしに定めている事業場は多くないでしょう。このような休暇（特別休暇）の規定のない事業場に「役所で働く友人は、結婚したとき１週間くらい休んでいたから、うちの会社も１週間くらい休みをくれるだろう」と思い込んでいる従業員がいるかもしれません。

　就業規則を作る目的は、労働者一人ひとりが自分の判断や思い込み等で行動することのないよう、労働者全員が守るべき一律のルールを定めて運用することにあります。組織を円滑に運営する上で具体的なルールを定めておくことは欠かせません。人数にかかわらず、労働者を雇用したら就業規則は作成すべきでしょう。

　また、就業規則は、それを作成した場合、労働者にいつでも自由に閲覧できるようにしておかなければなりません。事業場で働く者みんなに守ってもらうために作成するわけですから当然のことです。

パートタイマー等の非正社員の就業規則の作成

　正社員の就業規則は備え付けられているもののパートタイマー等の非正社員の就業規則が作成されていない場合、正社員の就業規則が唯一の就業規則となり、パートタイマー等については個別労働契約による旨の取り決めをしていても、「就業規則で定める基準に達しない労働条件を定める労働契約は、その部分については無効とする。この場合において無効となった部分は、就業規則で定める基準による（労働契約法第12条）」として、正社員の就業規則が適用されてしまう可能性があります。したがって、勤務条件や待遇の違いをあらかじめ明確にしておくためにも、たとえば、「パートタイマー就業規則」等の非正社員に対する就業規則を作成しておくことが重要です。

Q15 就業規則に記載しなければいけないことは決まっていますか？

 就業規則には、必ず記載しなければならない事項と定めがある場合には記載義務のある事項があります。（労働基準法第89条）

　就業規則には、どんなことを記載してもよいというわけではありません。就業規則に記載できることは、内容によって３種類に分けられます。

1．必ず記載しなければならない事項（絶対的必要記載事項）

①　始業・終業の時刻、休憩時間、休日、休暇、交替就業の場合の就業時転換に関する事項

②　賃金の決定、計算、支払の方法、賃金の締切、支払の時期、昇給等賃金に関する事項

③　退職（解雇の事由、定年制等）に関する事項

2．定める場合には、記載しなければならない事項（相対的必要記載事項）

④　退職手当について、適用される労働者の範囲、退職手当の決定、計算、支払方法、支払時期に関する事項

⑤　臨時の賃金等（退職手当を除く）及び最低賃金額に関する事項

⑥　労働者に負担させる食費、作業用品等に関する事項

⑦　安全及び衛生に関する事項

⑧　職業訓練に関する事項

⑨　災害補償及び業務外の傷病扶助に関する事項

⑩　表彰及び制裁に関する事項

⑪　その他、当該事業場の労働者のすべてに適用される定めについての事項

3．記載するかどうか自由な事項（任意的記載事項）

⑫　服務規律・指揮命令・誠実勤務・守秘義務等に関する事項

⑬　人事異動（配転・転勤・出向・転籍・業務派遣等）に関する事項

⑭　社員体系、職務区分、職制に関する事項

⑮　施設管理、企業秩序維持・信用保持等に関する事項

⑯　競業禁止・退職後の競業制限等に関する事項

⑰　能率の維持向上その他の協力関係に関する事項

⑱　職務発明の取扱いと相当な対価に関する事項

4．標準的な就業規則の構成

① 　前文

就業規則制定の主旨、就業規則を貫く根本精神を宣言しています。

② 　総則

就業規則の目的、その適用範囲、職制又は身分、従業員の定義、就業規則の遵守義務等が定められています。

③ 　人事に関する事項

採用、異動ないし配置転換、解雇及び退職、定年、休職及び復職、その他試用期間に関する規定等、人事に関するすべての事項について定められています。

④ 　勤務に関する事項

勤務に関する心得など一般的規程のほか、労働時間、休憩、休暇、育児休業、介護休業、母性健康管理、休日、出勤、勤務時間制および時間外勤務、変形労働時間制、日直および宿直、出張、特殊勤務、監視継続勤務、交替勤務等について具体的に細かい規定が設けられています。

⑤ 　給与等に関する事項

賃金、賞与、退職金、旅費、貯蓄金等に関する規定が定められていますが、給与に関する規定は別個に賃金規定、退職金支給規定、出張旅費規程、慶弔見舞金規定等の名称のもとに、別規定として作成されている場合が多いようです。

⑥　服務規律に関する事項

　　事業場における規律、秘密保持、兼職の禁止、その他労働者が服務上一般的に守るべき事項が規定されています。

⑦　表彰および制裁に関する事項

⑧　安全および衛生に関する事項

⑨　災害補償および扶助に関する事項

⑩　教育および福利厚生に関する事項

　　技能教育、福利厚生、寄宿舎および社宅などについて定めています。

⑪　その他（附則）

　　就業規則の施行期日、就業規則変更についての手続方法のような事項が附則として定められています。

◆◆━ **ワンポイント** ━◆◆◆◆◆◆◆◆◆◆◆◆◆◆◆◆◆◆◆◆◆◆

就業規則作成（変更）の手続き

　就業規則の作成や変更の手続・手順は次のように定められています。

①　使用者の方で就業規則を作成する。

②　労働者の過半数で組織する労働組合（当該労働組合がない場合は労働者の過半数代表者）に内容を確認してもらう。

③　過半数で組織する労働組合等の意見書を作成してもらう。

④　正式に就業規則を決定する。

⑤　前記意見書※を添付のうえ、所轄労働基準監督署長に提出する。

※　労働者の意見を聴いたことが客観的に証明されればよく、反対意見書でも構わない。

Q16 当社は自動車が不足しています。従業員所有の自動車を仕事に使ってもらってもいいですか？

A 会社の仕事は、会社の自動車を使用するのが原則ですが、繁忙期で自動車台数が不足しているときなど、従業員所有の自動車を仕事で使用する場合もあります。

このように従業員の自動車を仕事で使用することがある場合には、その取扱い基準として、「マイカー使用規程」を作成しておくことがトラブルを防止する上でも必要になります。

就業規則の別規程として、「マイカー使用規程」を作成する場合、別規程も就業規則の一部という扱いになりますので、意見書を添付して所轄労働基準監督署に届け出るといった、所定の手続が必要になります。マイカー使用規程は次のような内容になります。

自動車保険の加入

万が一自動車事故を起こしてしまった場合、自動車保険（任意保険）に加入していなかったり、加入していても保険金額が少ないと面倒なことになりかねません。対人賠償は無制限、かつ対物賠償は1億円等の一定額以上の保険加入を義務付けることが必要です。

なお、保険証券の写しは必ず提出させます。

費用の負担

会社として費用をどの程度負担するか明確にすることが必要です。例としては、

① 毎月、一定額の「マイカー使用手当」を支給する
② 毎月、ガソリン代、高速道路利用料金等、本人の申請に基づき実費を支給する
③ ②の実費のほか、自動車保険料、車検等定期点検費用の一部を負担する

などが考えられます。

就業規則と別規則

　就業規則の記載事項のうち、必要あるものについては、別規則とすることが認められています。別規則も就業規則の一部であるため、別規則を設けたときや内容を変更したときも、所轄労働基準監督署長への届出は必要です。

　一般的な別規則として、賃金規程、退職金規程、育児・介護休業規程、個人情報保護規程、慶弔見舞金規程、出張旅費規程、セクシュアル・ハラスメントの防止に関する規程などがあります。

第3章　労働時間・休憩・休日

Q17 農業は、労働時間、休憩、休日が適用除外と聞きました。これはどういう意味ですか？

A 農業・畜産業・養蚕業の従事者は、労働時間（労働基準法第32条〜第32条の5）、休憩（第34条）、休日（第35条）、労働時間、休憩の特例（第40条）、時間外・休日労働（第33条・第36条）、時間外・休日労働の割増賃金（第37条）、年少者の特例（第60条）が適用除外事項になっています。（第41条）

　農業が労働時間等の適用除外となっている理由としては、①事業の性質上天候等の自然条件に左右される、②事業及び労働の性質から1日8時間とか週休制等の規制になじまない、③天候の悪い日、農閑期等適宜に休養がとれるので労働者保護に欠けるところがない、等が挙げられます。

労働基準法で規定する労働時間、休憩、休日

●労働時間（労働基準法第32条）
　労働基準法では、法定労働時間を次のように定めています。
・休憩時間を除き1週間について40時間を超えて、労働させてはならない
・1週間の各日については、休憩時間を除き、1日について8時間を超えて、労働させてはならない
　ただし、次のイ〜ニの業種（常時10人未満の労働者を使用する場合に限る）については例外扱いとなっており、法定労働時間は、1週間44時間、1日8時間としています。
　イ商業、ロ映画・演劇業（映画の製作の事業を除く）、ハ保健衛生業、ニ接客

娯楽業

●休憩（労働基準法第34条）

　休憩は、労働時間が6時間を超える場合は少なくとも45分、労働時間が8時間を超える場合は少なくとも1時間を、労働時間の途中に与えなければならない。

●休日（労働基準法第35条）

　休日は、毎週少なくとも1回付与することを原則とする。例外として4週間を通じて4日以上付与することも可能である。

労働時間の適用除外

　農業に従事する労働者には、労働基準法上、1週40時間、1日8時間を超えて労働させても差し支えなく、また育児・介護中の女性や18歳未満の労働者についても時間外労働をさせても差し支えがありません。つまり、労働基準法上は、時間外労働は生じないことになります。

休憩の適用除外

　農業において労働者には、休憩時間を与えずに働かせても差し支えがありません。休憩を与えなくても農業従事者は何時でも自由に休憩がとれるため、法律で規制する必要がないというのが理由です。

休日の適用除外

　労働基準法では、使用者は労働者に対して、毎週少なくとも1回の休日を与えなければならないとしていますが、農業において使用者は、労働者に対して毎週少なくとも1回の休日を与えなくても差し支えがありません。

割増賃金の適用除外

　時間外及び休日労働に関する規定の適用がないので、農業に従事する労働者には時間外労働及び休日労働というものは労働基準法上成立しま

せん。したがって、時間外労働及び休日労働に関する割増賃金の規定の適用もありません。

深夜業割増は除く

深夜労働の割増賃金は適用除外されていないので留意が必要です。労働基準法上、使用者が、午後10時から午前５時までの間において労働させた場合においては、その時間の労働については、通常の労働時間の賃金の計算額の２割５分以上の率で計算した割増賃金を支払わなければならないとしています。

労働者保護には十分留意が必要

農業においては、農閑期に十分休養を取ることができる等の理由から、１日８時間労働や週１回の休日の原則を厳格な罰則をもって適用することは適当でなく、法律で保護する必要がないと考えられていることが労働時間関係が労働基準法の適用除外である理由です。

したがって、使用者は「長時間労働が可能」、「休日は少なく」などと誤った運用をしないよう十分留意しなければなりません。最近の農業経営における農業労働は、その高度化・通年化など大きく変化していること、他産業を下回るような労働条件で優良な労働力を確保することは困難なこと等の理由から、むしろ他産業を上回るような条件で、積極的に従業員の雇用に努めている経営者も増えてきています。

農業は法定労働時間が適用除外

他産業では所定労働時間に法規制がある。
１日８時間・１週40時間が限度

農業には所定労働時間に法規制がない。
１日10時間、１週48時間の設定も可

47

Q18 農業でも従業員の労働時間を管理しなければいけませんか？

A 当然しなければいけません。労働時間の管理が労務管理の基本です。

　賃金は労働時間に対して支払います。事業主は労働者が労働した時間分の賃金を支給する義務を負うことになるわけです。これは時給制の場合はもちろんのこと、日給制でも月給制でも同様です。したがって、使用者は、次のア及びイを行い従業員の労働時間を適正に把握・算定する義務があります。

　ア　労働日ごとに始業時刻や終業時刻を確認・記録する
　イ　アを基に何時間働いたかを把握・確定する
　なお、始業・終業時刻の確認及び記録の原則的な方法としては、次の①または②の方法により、適正に行われる場合には③の方法も可としています。
①　使用者が自ら直接始業時刻や終業時刻を確認し、記録する
②　タイムカード、ICカード等の客観的な記録を基礎として確認し、記録する
③　労働者に自ら出勤簿等に始業時刻や終業時刻を記録するいわゆる「自己申告」方法

1．タイムカードによる労働時間管理の取扱い
　タイムカードの打刻については、労使がともに誤解や考え違い等することのないよう、その取扱い方法を整理し周知することが重要です。
⑴　タイムカードによる労働時間管理の基本的な考え方
　タイムカードによって労働時間の管理を行っている場合は、原則としてタイムカードの打刻時間が、労働時間の始業時刻・終業時刻と推定されることになります。すなわち、実際には労働時間の終業時刻とタイム

カードの打刻時間にずれが生じていても、このずれについて労使の間で特に取り決めがない場合は、この打刻時間によって労働時間が推定されることになります。どこからどこまでが労働時間であるか、タイムカードの打刻時刻が必ずしも労働の開始時刻（終了時刻）ではないことを就業規則で明示しておくことが大事です。

(2)　打刻時刻と終業時刻との間隔が短時間の場合

　終業時刻に労働が終了したと推定できるので、定時終業として差し支えないとされています。ただし、たとえ、短時間であっても現実の労働がある場合は、当然その時間は労働時間として算定することになります。

(3)　時間外労働手続を明確に定めている場合

　時間外労働は「上司に所定時間外勤務を命じられた場合、または事前に上司の許可を得た場合のみ認める」等の職場ルールが確立されている場合には、正当な理由なくこの職場ルールによらないで時間外労働を行ったとしても、この時間は使用者の指揮命令に基づかない恣意的なものであり労働時間となりません。タイムカードは単なる入・出門の記録にすぎないと考えられ、時間外労働に関する推定力は働きません。

(4)　「打刻忘れ」と「不正打刻」

　タイムカードの打刻を忘れてしまった従業員の、その日の労働時間の取扱いについては、単なる打刻忘れであって、現実に労働している場合には、「労働基準法上の労働時間の把握・算定義務は使用者にある」という原則から、通常の労働日と同様に労働したものとして取り扱うことになります。実際には労働しているにもかかわらず欠勤として取り扱うなどということは許されません。

　また、他人による代替打刻等のいわゆる「不正打刻」は、重要な職務規律違反として懲戒処分の対象となります。タイムカードで労働時間の管理をするということは、従業員にもタイムカード打刻については正しい打刻を求められており、このような労使の信頼関係があってこそ成り立つ制度です。不正打刻は、この信頼を裏切る行為であり、制度そのものを覆す行為として、厳重な懲戒処分の対象となり得るものと考えられています。

自己申告制による場合

　自己申告制により始業・終業時刻の確認及び記録を行わざるを得ない場合、使用者は、次の措置を講ずる必要があります。

① 　自己申告制を導入する前に、その対象となる労働者に対して、労働時間の実態を正しく記録し、適正に自己申告を行うことなどについて十分な説明を行うこと

② 　自己申告により把握した労働時間が実際の労働時間と合致しているか否かについて、必要に応じて実態調査を実施すること

③ 　労働者の労働時間の適正な申告を阻害する目的で時間外労働時間数の上限を設定するなどの措置をしないこと

④ 　時間外労働時間の削減のための社内通達や時間外労働手当の定額払等労働時間に係る事業場の措置が、労働者の労働時間の適正な申告を阻害する要因となっていないかについて確認するとともに、当該要因となっている場合においては、改善のための措置をすること

 参　考

就業規則規定例

第○○条（始業と終業の時刻）

　　所定労働時間の始業、終業の時刻は以下のとおりとする。

　　　始業時刻：午前８時00分　　　終業時刻：午後５時30分

２．始業時刻とはタイムカードを押した上で所定の就業場所で業務を開始する時刻をいい、従業員は、タイムカードを押した後、速やかに始業の準備をしなければならない。

３．タイムカードを押した時刻が始業時刻の前で、打刻時刻と始業時刻の間が15分未満の場合は、タイムカードを押した時刻を始業開始時刻とみなす。

４．終業時刻とは業務の終了した時刻をいい、従業員は業務を終了したら速やかにタイムカードを押さなければならない。

Q19 当社は、複数の圃場を有し、各々が事務所から徒歩で10〜30分程度離れた場所に点在しており、労使ともに毎朝本社の事務所に集合してから現場に向かっています。朝の労働時間の起点は、現場到着後の実際の作業開始時間としてもよいのでしょうか。また、圃場間の移動時間は労働時間になるのでしょうか？

 使用者の指揮命令下に服したときから労働時間と考えます。

　労働時間とは、使用者の指揮命令下に置かれている時間のことをいい、使用者の明示又は黙示の指示により労働者が業務に従事する時間は労働時間に当たります。

　したがって、次のアからウのような時間は、労働時間として扱わなければならないとされています。

ア　使用者の指示により、就業を命じられた業務に必要な準備行為。
　　たとえば
　　・着用を義務付けられた所定の服装への着替え等
　　・業務終了後の業務に関連した後始末（清掃等）を事業場内において
　　　行った時間

イ　使用者の指示があった場合には即時に業務に従事することを求められており、労働から離れることが保障されていない状態で待機等している時間。いわゆる「手待時間」

ウ　参加することが業務上義務づけられている研修・教育訓練の受講や、使用者の指示により業務に必要な学習等を行っていた時間

　なお、これら以外の時間についても、使用者の指揮命令下に置かれていると評価される時間については労働時間として取り扱うこととされているので注意が必要です。

　農業では、ご質問のように、従業員の集合場所（例えば本社事務所）と農作業の現場が物理的に離れている場合が多く、この場合にどこから

が労働時間となるか判断に悩むケースが見られます。労働時間は、上で述べた「使用者の指揮命令下に置かれている時間」を基本的な考え方としますから、朝、本社事務所に集合し、労使ともに事務所を出発し現場に向かうのであれば、この事務所を出発する起点が「使用者の指揮命令下に服す」労働時間の起点と考えられます。

　また、圃場間の移動時間も使用者の指揮命令下の時間にありますので労働時間です。

　なお、使用者の支配拘束下にあっても、現実の指揮命令下になく、労務提供から解放され自由に過ごすことのできる休憩時間は労働時間になりません。休憩時間であるということは、具体的には賃金支払い義務がない時間ということです。

拘束時間				
労働時間				休憩時間
使用者の指揮命令下に置かれている時間で、かつ自由に利用できない時間				労働時間の途中で労働から離れることが保障されている時間
実作業時間	業務上必要な準備時間	待機時間	研修等の受講時間	
使用者の指揮命令下で実際に作業に従事している時間	使用者の指揮命令下で行われる作業に必要不可欠な準備時間	使用者の指揮命令下にあって、作業のために待機している時間	参加することが業務上義務付けられている研修・教育訓練の受講や、使用者の指示により業務に必要な学習等を行っていた時間	
賃金支払い義務あり				賃金支払い義務なし

Q20 所定労働時間は、どのように設定すればよいでしょうか？

A 「賃金は、労働時間に対して支払われる」のが原則です。時給制であれば「労働時間 × 時給額」ですからわかりやすいですが、月給制の場合の賃金は「月の所定労働時間労働した場合の賃金」です。したがって、正社員（月給制）を雇用する場合には、1か月の所定労働時間を設定します。

所定労働時間は週40時間が基本

　最近の農業経営における農業労働は、その機械化、通年化など大きく変化していること、他産業を下回るような労働条件で優良な労働力を確保することは困難なこと等の理由から、他産業並み、もしくは他産業を上回るような労働条件の確保に努めている事業所が増えています。事業所の所定労働時間を法定労働時間（労働基準法で定める限度時間）である週40時間を基本として設定すると、1か月の所定労働時間は、31日の月で177時間（≒31日÷7日×40時間）、30日の月は171時間（≒30日÷7日×40時間）となります。

　正社員の賃金を月給として、基本給を毎月変動しないように支給する場合、月額所定賃金（基本給）は、時間額（1時間単価）×平均月所定労働時間（173時間）とします。仮に時間額を1,000円とすると173,000円です。

　所定労働時間を超えて労働させた場合には、時間外労働となり残業代の支給義務が生じることになります。このケースでは、1時間の残業に対して1,000円支給します。他産業並みに25％の割増賃金とする場合は、1時間につき1,250円支給します。

季節により繁閑があるか

　農業では、多くの場合、作目によって農繁期と農閑期があり、この結果、労働分配に不均衡が生じます。農業労働に農繁期と農閑期があると

きは、季節（月）によって所定労働時間に差を設けることになります。週40時間を基本に設定すると年間の所定労働時間は、2,085時間（１年間の週数×40時間）となり、各月の所定労働時間は、仕事量に応じて按分します。例えば繁忙期は220時間、閑散期は130時間という月の所定労働時間の設定も可能です。なお、毎月の所定賃金は、平均月所定労働時間分とし、所定労働時間に大きな差があっても月々の賃金は一定額支払うようにします。

１か月の所定労働時間を週40時間を基本に設定する

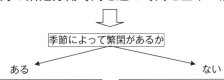

季節によって繁閑があるか

ある　　　　　　　　　　　　　　　　　　　　　ない

たとえば・・・

年間の所定労働時間 2085 時間として

各月の所定労働時間を次のように定める。

1 月：130 時間	5 月：200 時間	9 月 ：205 時間
2 月：150 時間	6 月：170 時間	10 月：210 時間
3 月：220 時間	7 月：150 時間	11 月：160 時間
4 月：200 時間	8 月：150 時間	12 月：140 時間

たとえば・・・

1 か月当たりの所定労働時間は、次のように定める。

月の日数	所定労働時間
31 日	177 時間（≒40 時間×31÷7 日）
30 日	171 時間（≒40 時間×30÷7 日）
29 日	165 時間（≒40 時間×29÷7 日）
28 日	160 時間（≒40 時間×28÷7 日）

 参　考

所定労働時間の設定例

例１）月の所定労働時間を１年を平均して１週当たり40時間に設定している例

第○条（各月の所定労働日数、所定労働時間、始業・終業時刻及び休憩時間）

　所定労働時間は、１年単位の変形労働時間制を準用し、１年を平均して１週当たり40時間以内とし、１年の所定労働時間は2,085時間以内とする。

2　各月の１日の所定労働時間および１月の所定労働時間は、次のように定める。

	1月	2月	3月	4月	5月	6月
所定労働日数	18日	22日	26日	25日	26日	25日
1日の所定労働時間	7時間	7時間	8時間	8時間30分	8時間	7時間
1月の所定労働時間	126時間	154時間	208時間	212時間30分	208時間	175時間
7月	8月	9月	10月	11月	12月	年間計
22日	18日	25日	26日	23日	20日	276日
7時間	7時間	8時間30分	8時間	7時間	7時間	
154時間	126時間	212時間30分	208時間	161時間	140時間	2,085時間

3　始業・終業時刻は、1日の所定労働時間ごとに次のとおりとする。

1日の所定労働時間	始業時刻	終業時刻
7時間	8時	16時30分
8時間	7時	16時30分
8時間30分	7時	17時00分

4　前項の時間は、業務の都合その他やむを得ない事情により必要がある場合は、あらかじめ通知して、全部または一部の従業員に対し、始業・終業の時刻を変更することがある。

5　休憩時間は、次のとおりとする。
　　①10時00分から10時15分の15分
　　②12時00分から13時00分の60分
　　③15時00分から15時15分の15分

6　1年の途中で途中入社・退職、または事情により変形労働時間制を適用されない期間のある従業員については、適用された所定労働時間とその期間における法定労働時間の総枠との差について所定労働時間が法定労働時間を超える場合には、追加賃金として清算して支給するものとする。

7　労働時間算定の起算日を毎月1日とし、1か月当たりの実労働時間が、当該月の所定労働時間を超えた場合は、その超えた時間につき時間外手当を支給する。

＜解説＞

　季節や月によって労働に大きな繁閑差が生じる場合に有利な「1年単位の変形労働時間制」（※）を準用している規程例です。1週40時間を基準に年間の所

定労働時間を定め、毎月の所定労働時間は、月ごとの実際の労働量に応じて按分して割り振っています。

この規程例では、1日の所定労働時間も3種類のパターンを設けていますが、もちろん1パターンのみでも、2パターンでも3パターン以上でも構いません。

月給額は、所定労働時間が異なっても毎月同額のため、繁忙期のみ労働して退職した者など、期の途中で入社や退社をしたとき不公平が生じる場合があるため、その際は精算する旨を記載しておくことが必要です。

※変形労働時間制についてはQ21で詳しく解説します。

＜賃金の設定をどうするか＞

「繁閑の差があるけれど、正社員には毎月安定した月給制で支給したい」という場合の賃金は、1年の所定労働時間に基づいて設定します。

毎月の給与額（基本給）は、「（年間の所定労働時間 × 時間単位給与）÷ 12月」となります。

年間の所定労働時間を2,085時間、時間単位給与額を1,000円とすると次のようになります。

（2,085時間×1,000円）÷12月＝173,750円

例2）月の所定労働時間を1か月を平均して1週当たり40時間に設定している例

第○条　（所定労働時間、始業・終業時刻及び休憩時間）

所定労働時間は、1か月単位の変形労働時間制を準用し、1日については、原則として6時間40分とし、1週間については、日曜日を起算日として、原則として40時間以内とする。

2　1か月の所定労働時間は、月の暦日数により異なり、次のように定める。

月の暦日数	所定労働時間
31日	177.1時間
30日	171.4時間
29日	165.7時間
28日	160.0時間

3　1日または1週間の所定労働時間は、1か月の所定労働時間の範囲で短くまたは長くなることがある。

4　始業・終業時刻は、原則として次のとおりとする。

始業時刻　　8時00分

終業時刻　　16時00分

5　前項の時間は、業務の都合その他やむを得ない事情により必要がある場合は、あらかじめ通知して、全部または一部の従業員に対し、始業・終業の時刻を変更することがある。

6　休憩時間は、次のとおりとする。

①　10時00分から10時10分の10分

②　12時00分から13時00分の60分

③　15時00分から15時10分の10分

7　労働時間算定の起算日を毎月1日とし、1か月当たりの実労働時間が、当該月の所定労働時間を超えた場合は、その超えた時間につき時間外手当を支給する。

<解説>

　労働に繁閑差が多くない場合に利用し易い「1か月単位の変形労働時間制」を準用している規程例です。月給者の月額賃金の額は、1か月所定労働時間労働した場合の額です。したがって、1か月の所定労働時間を定めなければなりません。所定労働時間は、法定労働時間（週40時間）を基準に設定しています。

　始業と終業の時刻は、変動することが多い場合であっても、就業規則への記載が義務付けられているので、基本となる時刻を記載し、前後することがある旨追記しておきます。

　農業は、法定労働時間が適用されないので、月給者の場合は、月の所定労働時間を超えて労働させた場合にその超えた労働時間分を時間外労働手当として支払うことになりますが、割増賃金とする必要はありません。

<固定残業手当の導入を検討する>

　月給制の場合、就業規則等で労働時間を上のように設定することにより、所定労働時間を法定労働時間（他産業並み）で設定することができます。この場合、1か月の労働時間が所定労働時間の範囲内であれば、残業手当は発生しません。所定労働時間を超えて労働させた場合は、その時間は時間外労働となるので、残業手当の支払い義務が生じます。

　上の例では、固定残業手当（※）を導入することによって、実質的に所定労働時間を増やすことができます。たとえば、時間単価1,000円とし、月額賃金を

200,000円程度とすると、1か月の労働時間が200時間までは所定の月額賃金（基本給＋固定残業手当）で足ります。

　※固定残業手当については、Q31で詳しく解説します。

●条件：時間単価1,000円とし、残業代は25％の割増賃金とする。

　1,000円×173時間（平均月所定労働時間）＝173,000円（基本給分）

　200,000円－173,000円＝27,000円（固定残業手当分）

　27,000円÷1,250（≒1,000円×1.25）＝21.6・・≒22時間

　⇒　固定残業時間を22時間とする。⇒固定残業手当＝27,500（1,250円×22時間）

　1か月の労働時間195時間（173時間＋22時間）までが200,500円（基本給＋固定残業手当）で足り、195時間を超える場合は、超えた時間の分につき時間外労働手当（この場合1時間につき1,250円）の支給義務が生じます。

Q21　変形労働時間制というのは、どのような制度ですか？

Ⓐ 労働の繁閑の差を利用して休日を増やすなど、労働時間の柔軟
性を高めることで、効率的に働くことを目的とする制度です。
（労働基準法第32条の2～5）

　他産業においては、法定労働時間である1週40時間、1日8時間を超えた場合は、法律で定められた割増賃金を支払わねばなりません。変形労働時間制は、労働基準法で定められた手続を行えば、その認められた期間においては、法定労働時間を超えて働いた場合でも、この期間内の平均労働時間が法定労働時間を超えていなければ、割増賃金の対象として扱わないとする制度です。

　たとえば、農場の他に加工や直売所等の事業所を有している農業生産法人の場合、農場労働者に変形労働時間制を導入することによって、全事業所（全従業員）の法定労働時間適用が可能となります。また、天候等の自然条件に左右されない現場や機械化・高度化された農業の現場では、労働力の予定も立てやすく、変形労働時間制を導入している例も増えています。また、外国人技能実習生に対しては、労働時間・休憩・休日等に関して他産業に準拠するよう指導されています。具体的には、1日8時間、1週40時間の法定労働時間を超えて実習させた場合には、割増賃金の支払い義務が生じることになります。実際、外国人技能実習生を雇用している事業場の多くが変形労働時間制を導入しています。

　変形労働時間制は、仕事内容等に応じて「1か月単位」「1年単位」「1週間単位」「フレックスタイム制」があり、農業では一般的に「1か月単位」と「1年単位」が利用されています。

1．1か月単位の変形労働時間制（労働基準法第32条の2）

　「1か月単位の変形労働時間制」とは、1か月以内の労働時間が週平均40時間以下であれば、1日、1週間の労働時間の長さを自由に設定す

ることができ、特定の週に40時間を超え、特定の日に8時間を超えて労働させることができる制度です。あらかじめ設定することで、週40時間、1日8時間を超えて労働させても時間外労働となりません。割増賃金の支払いも不要です。

(1)　1か月単位の変形労働時間制の導入の注意点

①　就業規則で「1か月単位の変形労働時間制」を規定します。

②　1か月の所定労働時間が「法定労働時間の総枠」に収まるように設定します。

　毎月の「法定労働時間の総枠」は、＜40時間×暦日数／7日＞で計算します。1か月の暦日数には31日、30日、29日、28日があるので、「法定労働時間の総枠」も月ごとに違います。

月の日数	法定労働時間の総枠	月の日数	法定労働時間の総枠	月の日数	法定労働時間の総枠	月の日数	法定労働時間の総枠
31日	177.1時間	30日	171.4時間	29日	165.7時間	28日	160.0時間

③　1か月前には翌月分の各日、各週の労働時間を特定する。

　具体的には、各人ごとに、「1日の所定労働時間×月の所定労働日数≦法定労働時間の総枠」となるように1日の所定労働時間と労働日を決定し、前月1日までにカレンダーにして配布します。

(2)　時間外労働となる時間

①　1日については、8時間を超える時間を定めた場合は、その時間（たとえば、10時間と定めた場合は10時間）、それ以外の日は8時間を超えて労働した時間

②　1週間については、40時間を超える定めをした週は、その時間（たとえば、48時間と定めた場合は48時間）、それ以外の週は40時間を超えて労働した時間

③　1か月については、1か月の「法定労働時間の総枠」を超えて労働した時間。ただし、二重カウントになるので①または②で時間外となる時間を除く

(3)　1か月単位の変形労働時間制の導入例

　たとえば、次の例のように、休憩時間を除き1日の所定労働時間を7

時間、毎月の休日を 6 日とすると、毎月の所定労働時間は、「法定労働時間の総枠」に収まります。毎月の時間外労働となる時間は、「法定労働時間の総枠」を超えた時間です。

例：令和○年 5 月　＜予定＞　　計画　177時間／月

1（水）	7 時間	8（水）	7 時間	15（水）	休み	22（水）	7 時間	29（水）	休み
2（木）	7 時間	9（木）	7 時間	16（木）	7 時間	23（木）	7 時間	30（木）	8 時間
3（金）	7 時間	10（金）	7 時間	17（金）	7 時間	24（金）	7 時間	31（金）	8 時間
4（土）	7 時間	11（土）	7 時間	18（土）	7 時間	25（土）	7 時間		
5（日）	休み	12（日）	休み	19（日）	休み	26（日）	休み		
6（月）	7 時間	13（月）	7 時間	20（月）	7 時間	27（月）	7 時間		
7（火）	7 時間	14（火）	7 時間	21（火）	7 時間	28（火）	7 時間		
週労働時間	42時間	週労働時間	42時間	週労働時間	35時間	週労働時間	42時間	週労働時間	16時間

就業規則記載例（所定労働時間）

第○条（所定労働時間）
　所定労働時間は、1 か月単位の変形労働時間制とし、変形期間を平均して 1 週当たり40時間を超えない範囲で、1 日 8 時間、1 週40時間を超えて各日または各週の労働時間を定める。各日の始業・終業時刻は原則として次のとおりとする。

各日の所定労働時間	始業時刻・終業時刻	休憩時間
7 時間	8：00〜16：00	12：00〜13：00
8 時間	8：00〜17：00	12：00〜13：00

2．起算日は毎月 1 日とする。前項の所定労働時間は、前月 1 日までにカレンダーで提示する。

2．1 年単位の変形労働時間制（労働基準法第32条の 4 、第32条の 4 の 2 ）

　1 年単位の変形労働時間制とは、季節や月などによって業務に繁閑の

差があり、忙しいときは労働時間を長く、暇なときは労働時間を短く設定し、労働時間を効率的に分配できる制度です。

(1)　対象期間

具体的にこの制度を実施する場合、変形労働時間の対象期間を定め、この期間の週平均労働時間を40時間以下にすることが必要です。対象期間は１か月超から１年以内で定めます。畑作など季節によって労働力に大きな差がある場合には対象期間は通常１年間で定めます。

(2)　労使協定が必要

１年単位の変形労働時間制は労使協定の締結と管轄労基署長への届出が義務付けられています。労使協定は、①対象労働者の範囲、②対象期間（１か月超１年以内）と起算日、③特定期間（対象期間中の特に繁忙な期間）、④対象期間中の労働日、⑤対象期間中の各労働日ごとの労働時間、⑥協定の有効期間　の６項目について定めます。

ただし、対象期間を月ごとに区分すれば、④は、最初の月における労働日及び最初の月を除く各月における労働日数を、⑤は、最初の月における労働日ごとの労働時間及び最初の月を除く各月の総労働時間を定めることになります。

(3)　労働日数の限度

労働日数の限度は対象期間が３か月以内の場合は、定めはありませんが、３か月を超える場合には、原則として１年当たり280日が労働日数の限度となります。

(4)　労働時間の限度

労働時間の限度は１日10時間、１週52時間を限度に定めることができます。ただし、対象期間が３か月を超える場合には、①48時間を超える週は、連続３週まで、②対象期間を３か月ごとに区分して、それぞれの期間で48時間を超える週は３回まで、という２つの制限を満たす必要があります。

(5)　対象期間の総労働時間

１年単位の変形労働時間制を導入する場合には、対象期間を平均して１週当たりの労働時間が40時間以内となるように、労働日数や各日の労

働時間を決めることになります。対象期間が 1 年であれば、「40時間×（365日÷7 日）＝2,085.7時間」が総労働時間の限度時間となります。

　なお、1 年単位の変形労働時間制を導入する場合、36協定で定める労働時間の延長の限度時間は 1 か月42時間、1 年320時間となります。（通常の限度時間は原則として、1 か月45時間、1 年360時間）

(6)　途中採用者・途中退職者等の取扱い

　1 年単位の変形労働時間制の適用を受けて労働した期間が対象期間より短い労働者（対象期間の途中で退職した者や採用された者、配置転換された者など）に対しては、実際に労働した期間を平均して週40時間を超えた労働時間について、割増賃金を支払うことが必要となります。割増賃金の清算を行う時期は、途中採用者の場合は対象期間が終了した時点、途中退職者の場合は退職した時点です。

計算式（所定労働時間だけ労働したものとした場合）

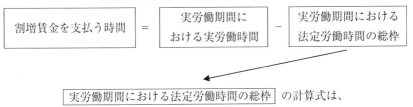

実労働期間における法定労働時間の総枠 の計算式は、

（実労働期間の暦日数 ÷ 7 日） × 40 時間

就業規則記載例（1 年単位の変形労働時間制）

第○条（1 年単位の変形労働時間制）

　第○条の規定にかかわらず、会社は、従業員に対し、従業員の過半数を代表する者と、労働基準法第32条の 4 に基づき、次の事項を定めた労使協定を締結して 1 年単位の変形労働時間制による労働をさせることがある。

　①　対象となる従業員

　②　対象期間・起算日

③　対象期間における労働日及び当該労働日ごとの所定労働時間

　　ただし、区分期間を設ける場合には、最初の区分期間における労働日と各労働日の所定労働時間、及び残りの区分期間についての各期間の総労働日数と総所定労働時間数

④　特定期間

⑤　有効期間

2　前項の場合、締結した労使協定を就業規則に添付して就業規則の一部とし、就業規則に定めのない項目は、当該協定の定めるところによるものとする。

　参　考

「１年単位の変形労働時間制に関する協定書」の例

１年単位の変形労働時間制に関する協定書

　株式会社　花園と株式会社　花園　従業員代表　小川　均　とは、１年単位の変形労働時間制に関し、以下の通り協定する。

第１条　（勤務時間）

　所定労働時間は１年単位の変形労働時間制によるものとし、１年を平均して週40時間を超えないものとする。

2　対象期間には、１か月毎の区分期間を設ける。区分期間は起算日から１か月（暦月）毎の期間とする。

3　９月以降の各月の労働日及び労働日ごとの労働時間（始業・終業の時刻、休憩時間）は、各月の初日の30日前までに対象者に通知する。

第２条（起算日）

　対象期間の起算日は令和４年８月１日とする。

第３条（休日）

　８月の休日については別紙勤務表のとおりとする。

2　９月以降の各月における休日は、各月の初日の30日前までに対象者に通知する。

第４条（各月の所定労働日数)

　各月の所定労働日数と所定労働時間数は次のとおりとする。

月	所定労働日数	所定労働時間	月	所定労働日数	所定労働時間
8月	26日	156時間	2月	22日	143時間
9月	26日	195時間	3月	26日	221時間
10月	27日	202時間30分	4月	24日	204時間
11月	23日	161時間	5月	25日	206時間
12月	20日	120時間	6月	26日	175時間30分
1月	17日	102時間	7月	23日	138時間

第5条（対象となる従業員の範囲）

本協定による変形労働時間制は、次のいずれかに該当する従業員を除き、全従業員に適用する。

1　18歳未満の年少者

2　妊娠中または産後1年を経過しない女性従業員のうち、本制度の適用免除を申し出た者

3　育児や介護を行う従業員、職業訓練または教育を受ける従業員その他特別の配慮を要する従業員に該当する者のうち、本制度の適用免除を申し出た者

第6条（有効期間）

本協定の有効期間は、起算日から1年間とする。

令和4年7月15日

　　　　　　　株式会社　花園　　代表取締役　　進　藤　洋　介　㊞

　　　　　　　株式会社　花園　　従業員代表　　小　川　　　均　㊞

◆◆◆ ワンポイント ◆◆◆◆◆◆◆◆◆◆◆◆◆◆◆◆◆◆◆◆◆◆◆◆

変形労働時間制の手続き

変形労働時間制は、法的手続きを正しく行い、適正に運用すれば、例えば、特定の週に40時間を超えて労働させても、40時間を超えた時間については割増賃金の支払い義務がないという制度です。

農業は、労働時間、休憩、休日等が適用除外であり、所定労働時間を週40時以下に設定したり、休日を毎週1日以上付与するというように、労働基準法に従う法的義務はありません。したがって、変形労働時間制の導入に際しても、

法の定める手続きに従う法的義務はないと考えられます。

　ただし、外国人技能実習生を雇用する事業所にあっては、「労働基準法に準拠」するよう指導されているので、変形労働時間制を導入するにあっては、法律の定めるところにより手続きにしたがう必要があります。

変形労働時間制に必要な労使協定	労働基準監督署長への届出
１か月単位の変形労働時間制に関する協定書	○　（就業規則で規定した場合は、労使協定は必要ない）
１年単位の変形労働時間制に関する協定書	○

ワンポイント

労使協定とは

　事業場で、従業員の過半数を代表する労働組合か、これがない場合に従業員の過半数を代表する者が使用者と作成する書面をいいます。労使協定は、労基法などが定める一定の規制を解除したり、緩和する場合、あるいは一定の公的助成が行われる場合に、その要件として定められています。

悪天候で予定作業ができないときは休業（無給）とし
てよいのでしょうか？
また、悪天候で、今日は予定していた作業ができそう
もないという場合、その日を急遽休日（無給）扱いと
し、その代わりに本来の休日を労働日とするのを「休
日の振替」と考えてよいのでしょうか？

Ａ 使用者が本来の労働日を休日とし、その日の代わりに休日を労
働日とすることを事前に指定する場合は、休日の振替ですが、
「あらかじめ」労働者に周知・認識されていないので、休日の振替扱いと
することはできません。

　ただ単に雨天だからという理由で当日を休業とするのであれば、原則
として休業手当（平均賃金の60％以上）が必要となると考えるべきでしょ
う。これは、悪天候の場合の休業を無給扱いとすれば、天候の全リスク
を労働者が負うといえるわけで、これは労働契約上公平ではないと考え
られるからです。使用者も天候のリスクを負っていると考えるべきで、
したがって、これを避けるためには次のような方法が考えられます。

イ　最近の天気予報はかなり正確なので、たとえば明日（所定労働日）
　高確率で大雨が降り農作業が不可能と考えられる場合には、あらか
　じめ「明日は休日とし、△曜日（所定休日）を労働日に振り替える」
　というように振替休日を利用する。
ロ　天候が悪く予定していた作業ができないときのために、代替作業を
　常時用意しておく。
ハ　「１年単位の変形労働時間制」を準用し、あらかじめ農繁期は休日
　を少なくし(悪天候の日を見込むということ)反対に農閑期は休日を
　多くする年間スケジュールを組む。たとえば農繁期に朝から天候が
　悪く農作業が不可のため結果的に休業となっても労働をしたものと
　して扱う。（賃金の減額をしない）

ニ　天候に大きく左右されることを前提とした賃金体系を検討する。た
　とえば、固定残業手当を導入して、実質的に所定労働時間を増やす
　など。（天候が悪く休業扱いにしても賃金減額をしない）

休日の振替の方法
①　休日の繰上げ
　たとえば、日曜日に労働させる必要が生じたときは、その前の週の所
定労働日である水曜日を翌週の休日である日曜日と交換し、水曜日を休
日とし、その水曜日の代わりに日曜日を労働日とすることを事前に指定
して実施します。

②　休日の繰下げ
　たとえば、日曜日とその翌日の所定労働日の月曜日を交換し、日曜日
を労働日に、月曜日を休日にすることを事前に指定して実施します。

休日の振替措置に必要な要件
１．就業規則等で休日の振替措置をとる旨を定める
　休日振替は、就業規則、労働協約、労働契約等において休日振替規定
が定められていることが要件となります。

２．振り替える日を特定する
　休日の振替は、「来週の日曜日と月曜日を振り替える」というように、
振り替える日を具体的に指定しておかなければなりません。あらかじめ
所定休日を労働日とし、その代わり所定労働日を休日としておかなけれ
ば「休日の振替」とはならず、代休との違いはここにあります。

３．振替日は４週間以内の日とする
　振り替えるべき日については、振り替えられた日以降できる限り近接
していることが望ましいのですが、週を越えて振り替える場合の振替日
は、振替日を含む週から４週間以内の日としなければならないとされて
います。

４．前日までに特定し周知する
　休日の振替は、あらかじめ所定休日を労働日とし、その代わり所定労

働日を休日として労働者に周知・認識されていなければなりません。この「あらかじめ」とは、「前日以前」とされているので、少なくとも前日の勤務時間終了時までには周知させるべきものとされています。

悪天候で予定の作業ができないときは、年休扱いにしてよいでしょうか？
また、悪天候で農作業ができない日は休業とするけれど、正社員の給与を悪天候を理由に減額するのも気の毒なので、その日は労働者が年休（年次有給休暇）を取得したものとして扱い、給与を支給しようと思いますが問題ありませんか？

 年休を使用するかどうかは労働者が決めることなので、使用者が勝手に年休扱いとすることはできません。

　休暇は、労働者が就労する義務を負う「労働日であることが前提」です。年休を付与するということであれば、労働契約上労働を義務付けられている日に対し使用者は労働者の申出に基づきその日の就労義務を免除し、かつ有給休暇扱いにするということです。休業は、労働者に労働する義務がある日に会社がその労働義務を免除する日のことなので、その日に年休を付与するということは理屈上ありえないので、使用者としては、勝手に年休に振り替えることは出来ませんし、また、休業通知の後に労働者から年休の請求があった場合に年休使用を認める必要もありません。

　しかしながら、休業手当の場合は、一般的に平均賃金の60％であることから、労働者が年休を請求した場合に使用者が、普段年休消化が進んでいない場合等で、あえて認めようとする場合には、これは差し支えないとされています。

　なお、労働者の希望によって年休への振替えを認めた場合、使用者はこれとは別に休業手当を支払う必要はありません。

休業手当（労働基準法第26条）

　使用者の責に帰すべき事由による休業の場合、使用者は、休業期間中当該労働者に、その平均賃金の100分の60以上の休業手当を支払わなければならない。

●平均賃金は、次の式で求めます。
① 　算定事由発生日以前3か月間に支払われた賃金の総額÷算定事由発生日以前3か月間の総日数

　　ただし、賃金が日額や出来高給で決められ労働日数が少ない場合は、①と次の②で計算した額（最低保障額）を比較して高い額を適用します。
② 　算定事由発生日以前3か月間に支払われた賃金の総額÷算定事由発生日以前の実労働日数×60%

従業員の労働日や労働時間を確定せずに、たとえば1週間前に知らせて働いてもらうことは可能でしょうか？

 いわゆる「シフト制」と呼ばれる勤務形態で、一般企業でも実施されていますし、農業が導入することはもちろん可能です。

　2022年1月、厚生労働省より、シフト制労働契約を締結する使用者等を対象に、「シフト制で働く労働者の雇用管理を行うための留意事項」が公表されました。ここでいう「シフト制」とは、労働契約の締結時点では労働日や労働時間を確定的に定めず、一定期間（1週間、1か月など）ごとに作成される勤務シフトなどで、初めて具体的な労働日や労働時間が確定するような勤務形態を指します。ただし、三交替勤務のような、年や月などの一定期間における労働日数や労働時間数は決まっていて、就業規則等に定められた勤務時間のパターンを組み合わせて勤務する形態は除きます。

シフト制労働契約の締結に当たっての留意事項
⑴　労働条件の明示
　労働条件をあいまいにしたまま労働契約を締結したために、後々労使間でトラブルとなるといった事態を未然に防止する観点から、労働基準法においては、使用者は、労働契約の締結に際し、労働者に対して「始業及び終業の時刻」や「休日」に関する事項などを原則として書面により明示しなければならないこととされています（労働基準法第15条第1項、（Q12参照））。
　シフト制労働契約では、とくに以下の点に留意が必要です。
①　「始業・終業時刻」
　労働契約の締結時点で、すでに始業と終業の時刻が確定している日については、労働条件通知書などに単に「シフトによる」と記載するだけでは不足であり、労働日ごとの始業・終業時刻を明記するか、原則的な

始業・終業時刻を記載した上で、労働契約の締結と同時に定める一定期間分のシフト表等を併せて労働者に交付する必要があります。

② 「休日」

　具体的な曜日等が確定していない場合でも、休日の設定にかかる基本的な考え方などを明記する必要があります。

シフト制労働契約で定めることが考えられる事項

　明示事項に加えて、トラブルを防止する観点から、シフト制労働契約では、シフトの作成・変更・設定などについても労使で話し合って以下のようなルールを定めておくことが考えられます（作成・変更のルールは、就業規則等で一律に定めることも考えられます）。

作　成	・シフトの作成時に、事前に労働者の意見を聴くこと ・シフトの通知期限　　例：毎月○日 ・シフトの通知方法　　例：電子メール等で通知
変　更	・一旦確定したシフトの労働日、労働時間をシフト期間開始前に変更する場合に、使用者や労働者が申出を行う場合の期限や手続 ・シフト期間開始後、確定していた労働日、労働時間をキャンセル、変更する場合の期限や手続 ※一旦確定した労働日や労働時間等の変更は、基本的に労働条件の変更に該当し、使用者と労働者双方の合意が必要である点に留意してください。
設　定	作成・変更のルールに加えて、労働者の希望に応じて以下の内容についてあらかじめ合意することも考えられます。 ・一定の期間中に労働日が設定される最大の日数、時間数、時間帯 　例：毎週月、水、金曜日から勤務する日をシフトで指定する ・一定の期間中の目安となる労働日数、労働時間数 　例：1か月○日程度勤務／1週間あたり平均○時間勤務 ・これらに併せて、一定の期間において最低限労働する日数、時間数などを定めることも考えられます。 　例：1か月○日以上勤務／少なくとも毎週月曜日はシフトに入る

シフト制労働者を就労させる際の注意点

(1)　年次有給休暇

　所定労働日数、労働時間数に応じて、労働者には法定の日数の年次有給休暇が発生します（労働基準法第39条第3項、労働基準法施行規則第24条の3）。使用者は、原則として労働者の請求する時季に年次有給休

暇を取得させなければなりません（労働基準法第39条第5項）。「シフト
の調整をして働く日を決めたのだから、その日に年休は使わせない」と
いった取扱いは認められません。

(2)　**休業手当**

　シフト制労働者を、使用者の責に帰すべき事由で休業させた場合は、
平均賃金の60％以上の休業手当の支払いが必要です（労働基準法第26
条）。なお、使用者自身の故意、過失等により労働者を休業させること
になった場合は、賃金の全額を支払う必要があります（民法第536条第2
項）。

シフト制労働契約を締結する際の留意点（チェックリスト）

留意点	チェック	備　　考
シフト制労働契約の締結時に、労働者に「始業・終業時刻」や「休日」などの労働条件を書面で伝えているか。		
労働契約の締結時に、始業と終業の時刻を具体的に決めた日がある場合、どのように明示をしているか。 a．その日の始業・終業時刻、原則的な始業・終業時刻や休日の設定の考え方を記載したり、最初の期間のシフト表を渡したりして書面などで伝えている。 b．書面などで伝えているが、始業・終業時刻や休日は「シフトによる」とだけ記載している。		bに該当する場合、aの方法で明示を行いましょう
シフト制労働契約の締結時に、労働者の希望に応じて以下の内容についても定めているか。 a．シフトが入る可能性のある最大の日数や時間数 b．シフトが入る目安の日数や時間数 c．シフトが入る最低限の日数や時間数		a～cについて、労働者の意向も確認してみましょう
シフト制労働契約の締結時に、以下を定めているか。 a．シフトを作成するにあたり事前に労働者の意見を聴くなど作成に関するルール b．作成したシフトの労働者への通知期限、通知方法 c．会社や労働者がシフトの内容（日にちや時間帯）の変更を申し出る場合の期限や手続 d．会社や労働者がシフト上の労働日をキャンセルする場合の期限や手続		a～dについて、導入を検討してみましょう
いったん確定したシフト上の労働日、労働時間等の変更は、使用者と労働者で合意した上で行っているか。		

第4章　賃　金

Q25 賃金は、どうやって決めるのですか？

 賃金の額を決める前に、どのような賃金制度にするか検討します。

1．賃金形態

　時給制にするか月給制にするかなど、賃金をどのような形態にするかの選択は、従業員の働きをどのような時間単位で測ったら適当なのか、従業員の生活サイクル等を考慮した場合にどのように支給するとより効果的か、などの考え方によって異なってきます。正社員であれば、生活の安定を保証する意味で月々安定した月給制、パートタイム労働者やアルバイト等は、単純に労働時間に比例して支給する時給制とするケースが一般的です。

　時給制であれば働いた時間の分だけの賃金だから当然ですが、日給制であっても月給制であっても、賃金は原則として労働時間に対して支払われます。

　たとえば月給制の場合であれば、その月額賃金の額は「月の所定労働時間労働した場合の賃金」です。したがって、所定労働時間を超えて労働した場合は残業代が発生し、遅刻や欠勤をした場合には遅刻控除や欠勤控除が当然生じます。この残業代や遅刻控除の1時間当たりの単価（時間額）は月額賃金を月所定労働時間で除して求めます。月によって所定労働時間が変わる場合は平均月所定労働時間で除して求めます。

時給制のメリット	月給制のメリット
単純に労働時間だけ自分の労働力を売ればよいので、会社の所定労働時間に縛られず仕事ができる。 家計補助的な収入確保目的で働くパートタイム労働者や空いている時間を有効活用できる学生のアルバイトなどに適している。	賃金額が月の所定労働日数や所定労働時間に左右されず、毎月安定した収入を確保できる。 正社員の賃金としてふさわしく、とくに扶養家族を支える生計維持者にとっては月給制が絶対条件といえる。

２．賃金体系

　賃金は、一般的に毎月支給される月例給与と特別に支給される賞与に大別されます。月例給与は、通常、所定労働時間に応じて支給される基準内給与と所定労働時間外の労働に応じて支給される基準外給与に分けられます。基準内給与は「基本給のみ」とするか、または「基本給＋手当」とするか、基本給の決定要素をどうするか、通勤手当は支給するか、扶養家族がいる者に対して家族手当を支給するか、など各種手当をどうするか等の検討も必要になります。

<＝賃金体系の例＞

```
                                                    ┌─ 基 本 給
                        ┌─ 所定内給与 ─┤
                        │              │          ┌─ 家族手当
                        │              └─ 諸手当 ─┼─ 皆勤手当
            ┌─ 月例賃金 ─┤                          └─ 通勤手当
            │           │                          ┌─ 固定時間外
賃　金 ─────┤           │                          ├─ 時間外労働手当
            │           └─ 所定外給与 ─────────────┼─ 休日労働手当
            └─ 賞　　与                             └─ 深夜労働手当
```

3．賃金水準

扶養家族を有する正社員の賃金の額は、生計維持者としてふさわしい額です。正社員とその家族が生活するのに必要な額については人事院の作成した「世帯人員別標準生計費」（月額）が参考になります。標準生計費には税金や社会保険料が含まれていないので、30％増ししたものを「推定負担費」とし、これを基にモデル賃金を作成します。

たとえば高卒（18歳）初任給を15万円（月額）として勤続12年（30歳）時の賃金を26万円とすれば、12年間で昇給額が11万円（月額）、1年当たりの昇給額は約9,166円（月額）となります。これ以上定期昇給を続けるのが難しいというのであれば、定期昇給は、一定勤続年数までとし、それ以降は扶養家族の有無や数、役職に応じて賃金に差をつけるという方法もあります。

なお、年収イメージとしては、「世帯主年齢×10万円」です。

世帯人員別標準生計費（人事院／令和3年4月）と推定負担費・モデル賃金

費　目	世帯人員				
	1人	2人	3人	4人	5人
食料費	30,060円	48,180円	56,270円	64,360円	72,460円
住居関係費	44,700円	54,430円	46,870円	39,310円	31,750円
被服・履物費	5,160円	5,800円	7,270円	8,740円	10,200円
雑費I※1	23,600円	50,950円	63,150円	75,350円	87,570円
雑費II※2	11,200円	32,990円	32,260円	31,540円	30,810円
計(a)	114,720円	192,350円	205,820円	219,300円	232,790円
年齢設定	18歳	26歳	30歳	35歳	40歳
推定負担費(a×1.30)	149,136円	250,055円	267,566円	285,090円	302,627円
モデル賃金	15万円	25万円	27万円	29万円	31万円

※1　雑費Iは、保健医療、交通・通信、教育、教養娯楽
※2　雑費IIは、その他の消費支出（諸雑費、こづかい（使途不明）、交際費、仕送り金）

労働基準法第11条（賃金）

　この法律で賃金とは、賃金、給料、手当、賞与その他名称の如何を問わず、労働の対償として使用者が労働者に支払うすべてのものをいう。

―――― **ワンポイント** ――――

賃金となるもの・ならないもの

　賃金か否かは、労働の対償であるか否かで判断します。任意的・恩恵的な給付（結婚祝金等）、福利厚生施設（住宅・食事等）、企業設備の一環（制服、旅費等）は賃金ではありません。

賃金についての解釈

賃金となるもの	賃金とならいもの
右に掲げるものでも、労働契約、就業規則、労働協約等によって支給条件が明確なもの	退職手当、結婚祝金、災害見舞、死亡弔意金等の恩恵給付（原則）
・事業主の負担する労働者の税、社会保険料の労働者負担分 ・通勤定期乗車券 ・使用者の責に帰すべき事由による休業の場合に支払われる休業手当 ・育児休業期間中の賃金	・制服、作業着等業務上必要な被服 ・出張旅費 ・役職員交際費 ・業務上の負傷により休業している労働者に支払われる休業補償 ・使用者が負担する生命保険料の負担金 ・解雇予告手当

Q26　賃金の支払いにルールはありますか？

 賃金の支払いは、①通貨で、②直接労働者に、③その全額を、④毎月1回以上、⑤一定の期日定めて、支払わなければならないとされています。これを賃金支払いの5原則といいます。（労働基準法第24条）

1．通貨払いの原則
　賃金は貨幣で払い、①法令に別段の定めがある場合、②労働協約に別段の定めがある場合を除き現物での支払は禁止されています。

2．直接払いの原則
　賃金は労働者に対して直接支払うことを義務付けています。たとえ親であっても代理人であっても本人以外には賃金を払ってはいけないという原則です。例外的に、労働者が病気等で賃金を受け取れない場合に、使者（本人の意思を伝達する者）への手渡しは可能です。なお、金融機関への振込みは、本人の同意が必要です。

3．全額払いの原則
　賃金はその全額を労働者に払わなければならないとする原則です。ただし、税金や社会保険料等の控除は法令等に定めがあるため認められています。労働者に欠勤、遅刻などがあった場合、それに対応する部分の賃金相当分を支払わないことは、法第24条違反ではありません。また、社宅費用、労働組合費等を賃金から控除するためには、労使協定が必要となります。

4．月1回以上払いの原則
　賃金は少なくとも月に1回は払わなければいけないとする原則です。賃金の払い方は日払、週払い、月給制でもかまいません。ただし、賞与

についてはこの限りではありません。

５．一定期日払いの原則

　賃金は決められた日に払わなければならないとする原則です。たとえ
ば、「給料日は毎月25日とする」という場合です。その日が会社の定休日
にあたる場合には、１日か２日支払日がずれるのはかまわないとされて
います。一定期日とは、その日が特定されていることを要しますが、毎
月第３金曜日に支払うというのは、一定期日払いに該当しません。

賃金控除の労使協定の例

賃金控除に関する協定書

有限会社　彩菜　と　従業員代表　小林晃　は、労働基準法第24条第１項但書
に基づき賃金控除に関し、下記のとおり協定する。

記

１．有現会社　彩菜　は、毎月25日、賃金支払の際、次に掲げるものを控除し
　て支払うことができる。
　⑴　寄宿費
　⑵　親睦会費
２．この協定は、令和４年４月１日から有効とする。
３．この協定は、何れかの当事者が、90日前に文書による破棄を通告をしない
　限り効力を有するものとする。
令和４年３月15日

　　　　　　　　　使用者職氏名　有現会社　彩菜
　　　　　　　　　　　　　　　代表取締役　島　田　正　和　㊞

　　　　　　　　従業員代表　　小　林　　晃　㊞

男女同一賃金の原則

　使用者は、労働者が女性であることを理由として、賃金について、男性と差別的取扱いをしてはならない。(労働基準法第4条)

　労働基準法では、賃金についてのみ男女差別を禁止しています。賃金以外の労働条件についての規則は、男女雇用機会均等法の定めるところによります。

女性を有利に扱うのも不可

　差別的取扱いをするとは、不利に取扱う場合のみならず有利に取扱う場合も含むものであること。(昭63・3・14基発150号)

高校生アルバイトにも最低賃金以上の賃金を支払わなければいけませんか？

 高校生アルバイトであっても最低賃金以上を支払わなければいけません。最低賃金はすべての労働者に適用されます。

　賃金の最低額は、法律（最低賃金法）で定められています。これは、正社員はもちろんのこと、アルバイト、パートタイマー、外国人労働者等、雇用形態の違いにかかわらず適用されます。また、たとえば、高齢者である労働者本人が「自分は高齢で人並みの仕事をする自信がないから最低賃金よりも安くてもよい」などと最低賃金を下回る賃金で働くことを同意していたとしても最低賃金を下回る額で雇用契約を結ぶことは違法です。

　最低賃金額は、都道府県ごとに定められており、地域によって853円〜1,072円とばらつきがあります。（令和４年10月現在：全国平均は961円）

　賃金が月給制の場合には、月額賃金を月所定労働時間で割って時間額換算した額が、地域の最低賃金額を下回らないように設定しなければいけません。

月給の場合に最低賃金の対象となる賃金の範囲

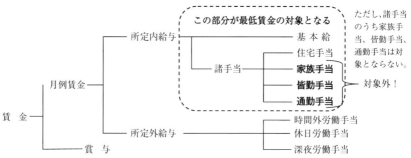

ワンポイント

最低賃金より低い額で雇用できないか

　農業の労務管理に関して労働条件に関する質問で一番多いのが、実は、最低賃金より安い賃金で雇用する方法はないかというものです。これは、最低賃金がその経営体においての「標準賃金」となっていることが原因です。このような経営体は、仕事量や内容が標準を下回る従業員に対する賃金をどうしたらよいのか分からず困っているのです。

　この問題は、最低賃金を標準賃金とするのではなく、文字通り職場における最低賃金に設定することによって解決します。従業員に優劣の差があるときは時給額で差を設けるようにし、最低賃金を標準賃金とするのではなく、もっとも作業効率の劣る従業員の賃金とするのです。

令和4年度の地域別最低賃金額（単位：円）

北海道 920	青森 853	岩手 854	宮城 883	秋田 853	山形 854	福島 858	茨城 911
栃木 913	群馬 895	埼玉 987	千葉 984	東京 1,072	神奈川 1,071	新潟 890	富山 908
石川 891	福井 888	山梨 898	長野 908	岐阜 910	静岡 944	愛知 986	三重 933
滋賀 927	京都 968	大阪 1,023	兵庫 960	奈良 896	和歌山 889	鳥取 854	島根 857
岡山 892	広島 930	山口 888	徳島 855	香川 878	愛媛 853	高知 853	福岡 900
佐賀 853	長崎 853	熊本 853	大分 854	宮崎 853	鹿児島 853	沖縄 853	全国平均 961

Q28 農業では、所定労働時間を超えて労働させても、残業代は払わなくて良いのですか？

A 割増賃金の支給は必要ありませんが、通常の賃金の支給は必要です。

　農業においては、労働基準法上、時間外労働や休日労働に対する割増賃金の適用除外となっています。ただし、たとえば所定労働時間が１日８時間の事業場で10時間労働した場合、超過分の２時間については、法律上割増賃金を支給する必要はありませんが、通常の賃金（月給であれば基本給を月の所定労働時間で割った１時間当たりの賃金）の２時間分の支給は当然必要です。

農業と割増賃金

　最近では、下にあげる理由等で法定労働時間（１日８時間、１週40時間）を超えて労働させた場合や休日に労働させた場合に割増賃金を支給するケースは増えています。
・地域雇用の受け皿となるべく、他産業と同等の労働条件を確保するため
・６次産業化の円滑な推進のために、全社一律の労働条件を確保する必要があるため
・外国人技能実習生には割増賃金の支払いが必要であるため

　なお、農業においても深夜業割増は適用除外されていません。具体的には、午後10時から翌朝午前５時までの間において労働させた場合においては、２割５分増しの賃金を支給しなければなりません。

割増賃金（労働基準法第37条）

　労働基準法では、法定労働時間を定めており、法定労働時間を超えて労働させた場合には、下表で定める割増率以上の割増賃金の支払いを義務付けています。

時間外労働（週40時間超又は1日8時間超）※	25％（時間外労働＋深夜労働＝50％）
深夜労働（午後10時〜午前5時）	25％
休日労働（法定休日に勤務した場合）	35％（休日労働＋深夜労働＝60％）

※1か月60時間を超えて時間外に労働させた場合には、超えた部分については
　50％（中小企業については適用猶予中）

　たとえば、所定労働時間が1日7時間の事業場で9時間労働した場合、超過分の2時間のうち、法定労働時間（8時間）までの1時間については、法律上割増賃金を支給する必要はなく、通常の賃金（月給であれば基本給を月の所定労働時間で割った1時間当たりの賃金）の1時間分の支給でよく、残りの1時間について割増賃金を支給することになります。

　なお、次の賃金は、割増賃金の基礎に算入しません。①家族手当、②通勤手当、③別居手当、④子女教育手当、⑤住宅手当、⑥臨時に支払われた賃金、⑦1か月を超える期間ごとに支払われる賃金

Q29 月給制の場合でも、欠勤や遅刻・早退・私用外出等をしたときには、減額してもいいのですか？

 賃金の支払には「ノーワーク・ノーペイの原則」があります。

　労働契約は、自己の労働力を使用者に売る契約とみることができ、労働と賃金が対価の関係にあるといえます。労務の提供がなければ当然に賃金請求権は発生しないのが原則であり、これを「ノーワーク・ノーペイの原則」といいます。

　したがって、所定労働日に欠勤、遅刻、早退などで労務の提供ができなかったときは、一般に労働者の都合による労働契約の不履行に該当し、労働の対価である賃金の請求権が発生せず、使用者の支払義務もなくなります。すなわち労働者が遅刻、早退、私用外出等により提供すべき労働を提供しなかった時間があるとき、その時間に応じて賃金を減額することは、ノーワーク・ノーペイの原則から適法となります。

　このノーワーク・ノーペイの原則が適用されるのは、月給制、日給制、時給制等の給与体系を問いません。

　ノーワーク・ノーペイの原則は、労働契約の本旨から導かれる一般原則であり、労働基準法等が強制しているわけではないので、労使の間で取り決めがあれば、これが優先されることになります。たとえば、就業規則で、遅刻や早退、欠勤等があっても減額しない旨の規定が設けられていれば、賃金の減額はできないことになります。

完全月給制

　大企業等では、月給制で欠勤や遅刻・早退しても給与から控除されず満額支払われる「完全月給制」を採用しているケースがあり、たまに従業員の思い違いからトラブルになることもありますので、遅刻・早退・欠勤分に相当する賃金を月給から控除する旨を入社時等で説明したり、就業規則等にその旨を明記するようにしましょう。

減給の制裁

　「遅刻・早退・私用外出３回で１日分の賃金を減額する」というような規定を見かけることがあります。これは、実際の不就労の時間にかかわらず回数によって１日分の賃金の減額をするもので、ノーワーク・ノーペイの原則を超えた賃金減額となり違法です。

　ただし、このような取扱いを減給の制裁として就業規則に定め、労働基準法第91条の規制の範囲内で行うのであれば認められます。

 参　考

労働基準法第91条（制裁規定の制限）

　就業規則で、労働者に対して減給の制裁を定める場合においては、その減給は、１回の額が平均賃金の１日分の半額を超え、総額が１賃金支払期における賃金の総額の10分の１を超えてはならない。

農業でも定期昇給をしなければいけませんか？

 農業であっても能力や業績に応じた昇給は必要です。

賃金改定

　賃金改定は、通常、事業年度が変わるときに行われます。賃金改定には、通常、①賃金制度にしたがって毎年賃金が増額する定期昇給、②「昇進した」「結婚した」というような適格時昇給、③経済の成長に伴い賃金水準そのものが引き上げられるベースアップがあります。

　定期昇給とベースアップの順序は、まず現行の賃金表に従い定期昇給を実施し、その後、ベースアップに応じて賃金表の改定を行います。

農業の定期昇給

　定期昇給は、従業員の能力や勤務態度・経営状況などを総合的に判断し決定します。

　農業では一般的に「定期昇給」は難しいと言われています。たしかに農業労働は、分業化が困難であり、効率化を図ることが難しいのが実情です。また、生産量も労働の質や量より、むしろ天候等の自然環境に大きく左右されるため、昨年100できたものが今年は90しかできないということもあるでしょう。しかし、個々の従業員はそれぞれ日々成長しています。入社１年目には５しかできなかったのに２年目には本人の努力やコツを飲み込んだ結果10できるようになっていたりします。経営者はこの従業員の努力や成長に対しては賃金で応えなくてはならないのです。すなわちこれが定期昇給です。

賃金改定の種類

昇給種類	定期昇給		適格時昇給		ベースアップ
	年齢・勤続・習熟昇給	昇格・昇進昇給	支給条件発生時の昇給		経済成長
昇給理由	年齢・勤続の上昇、能力・業績の伸びに応じた自動的な昇給	資格等級の昇格・職位の昇進時の昇給	扶養家族の増加などに伴い行う昇給（家族手当など）		物価上昇、業績、世間相場、最低賃金改定
昇給時期	例）毎年4月		随時		例）最低賃金改定時

Q31　固定残業手当とは、どのような手当ですか？

 固定残業手当は、残業代の計算を簡素化するもので、残業をしてもしなくても毎月一律の残業代を支給するものです。

　たとえば、給料18万円の従業員Ａがいます。Ａは、雇用契約時に使用者から「残業代込みで18万円」と言われており、Ａも承諾しています。この場合、使用者はＡも納得の上だから問題ないだろうと思っていますが、長時間労働が数か月も連続して続いたり、第三者が給与明細を見たりして、この不明瞭な賃金設定がトラブルを招くことも十分考えられます。この場合、たとえば、基本給15.5万円＋固定残業手当2.5万円として、実際に計算した残業代が2.5万円以内であれば、基本的に問題ありません。

＜Ａの給料を「基本給＋固定残業手当」で設計してみます。＞
・賃金の構成は「基本給＋固定残業手当」とし、月額18万円程度とします。
・月の所定労働時間は、他産業並みの173時間とします。
・基本給の１時間当たりの単価は、地域別最低賃金以上が条件となります。
　たとえば、基本給の基本時間額を900円とすると次のようになります。
　（ⅰ）　基本給＝900円×173時間＝155,700円
　　◇　固定残業手当については、条件を次のように定めます。
・固定残業手当の額は、24,300円（180,000円-155,700円）程度とします。
・割増率は、他産業並みに２割５分とします。

　時間外労働の時間額は、次のようになります。
　　時間外労働の時間額＝900円×1.25＝1,125円
　　固定残業時間は、次のようになる。

　　固定残業時間＝24,300円÷1,125円≒21.6時間⇒22時間

　　したがって、A の給料は、次のようになります。

(ⅱ)　固定残業手当＝1,125円×22時間＝24,750円

(ⅲ)　A の給料＝155,700円（基本給）＋24,750円（固定残業手当）＝
180,450円

　　月の労働時間195時間（所定労働時間 173時間＋固定残業時間 22時間）
以内であれば、180,450円（基本給＋固定残業手当）を支給していれば、
A に残業代を支払う必要はありません。195時間を超えた場合には、1
時間につき1,125円の残業代を支給することになります。

　　なお、固定残業手当の導入は「支払内訳」の変更です。基本給の減額
（上の例では、180,000円から155,700円）になるので、従業員の個別同意
を得る必要があります。

　　農業では、天候等の条件によって、その日予定していた仕事ができず、
代わりに休日に労働してもらうことや突発的に残業をしてもらうことも
多いものです。そのため、結果的に従業員の月の労働時間が月の所定労
働時間を大幅に超過することになります。

・固定残業手当は、これを設定し導入することで実質的に所定労働時間
　を増やす制度です。

・基本給の１時間当たり単価を地域別最低賃金以上で設定し、「所定労働
　時間＋固定残業時間」を過去１年間の最も労働時間の長い月をカバー
　する時間で設定すれば、残業代の未払いや賃金額が最低賃金を割って
　いるという状態にはなりません。

固定残業手当導入の注意点
１．従業員に周知する

　　固定残業手当を導入する際には、就業規則や個別の契約書にその金額
と定額残業代が何時間分の時間外労働に相当するのかを具体的に明示
し、従業員に周知する必要があります。

　固定残業手当を導入するということは、いくら残業してもそれ以上残業代を一切支給しないということではありません。実際の残業時間が事前に周知している残業時間（固定残業時間）を超えた場合は、別途追加で残業代を支払う必要があります。具体的には、就業規則等で「固定残業手当は、○○時間分の固定の時間外手当である」または「金○万円を固定残業手当として支払う」として、さらに「計算上不足額が発生する場合は、差額を別途支給する」旨を明記する必要があります。

　また、固定残業手当が通常の時間外手当のほか、休日労働や深夜労働の割増賃金分も含むのであれば、就業規則等ではっきりとそのことがわかるよう明記する必要があります。とくに明記していなければ、その固定残業手当は通常の時間外手当のみ該当すると判断されます。

2．固定残業時間を極端に多くしない

　他産業の一般企業等においては、労働者が法定時間を超えて労働させることができる根拠は、労使間で締結された「時間外労働・休日労働に関する労使協定」（36協定）です。この労使協定で定める1か月の時間外労働の上限時間は、原則として45時間（1年単位の変形労働時間制の場合は42時間）とされており、この上限時間で36協定を締結している企業であれば、固定残業手当の時間外労働の時間（固定残業時間）を36協定の上限時間を超えた時間で設定することは、協定内容と矛盾することにもなり、事実上困難です。

　農業は、労働時間や休憩、休日、またそれに係る事項については労働基準法の適用除外ですが、労働時間関係の労働条件を具体的に定める場合、たとえ法的に適用除外であっても「労働条件の最低基準」である労働基準法の基準に準じて決定すべきでしょう。固定残業手当の固定残業時間は他産業と同様にその上限は45時間と考えてください。

「固定残業手当」の就業規則（給与規程）記載例

（固定残業手当）

第○条　固定残業手当は、固定の残業手当として、27時間分支給する。

2．月の所定労働時間を超えて労働を行った場合は、固定残業手当をもって時間外手当および休日手当に代える。

3．固定残業手当の1時間当たりの単価は、基本給時間額（基本給÷173時間）に2割5分増しした額とする。

4．固定残業手当は、当該従業員の1か月の時間外労働が27時間に満たなくてもその全額を支給する。

5．従業員の時間外勤務手当、休日出勤手当及び深夜勤務手当を計算した額の合計が固定残業手当の額を超える場合は、差額を時間外労働手当として支給する。

Q32 今春、新卒者を雇用する予定です。初任給の額として目安はありますか？

A 農業法人等が新卒者を正社員として採用する場合の初任給の額は、高校卒でおおよそ16万円～19万円、大学卒で18万円～21万円程度です。

　月額給与の基本給は、「時給×１か月の平均所定労働時間」で組み立てましょう。高校卒業者等の未経験者の初任給の基本給は、「地域別最低賃金×１か月の平均所定労働時間」とします。

＜高卒初任給の設定＞
①　１か月の平均所定労働時間の設定

　１か月の平均所定労働時間は、「年間の所定労働時間÷12か月」とします。年間の所定労働時間は、他産業並みに法定労働時間で組み立てます。１週40時間を基本にするということです。

　　年間所定労働時間：365日÷７日×40時間≒2,085時間

　　１か月の平均所定労働時間：2,085時間÷12か月≒173時間

②　初任給を「基本給＋固定残業手当」とする

　たとえば、新潟県の農業法人を例にとれば、

　基本給：890円（新潟県の令和４年度最低賃金）×173時間≒154,000円

となります。初任給を17万円で設定すると差額（16,000円）があるので、これを固定残業手当とします。固定残業手当を25％の割増賃金にすると、

　　残業手当の時間額：890円×1.25≒1,113円

　　固定残業手当の時間：16,000÷1,113円≒14時間

　　固定残業手当：1,113円×14時間≒15,600円

　　基本給＋固定残業手当：154,000円＋15,600円＝169,600円≒170,000円

＜大卒初任給の設定＞

　例としている新潟県の農業法人の大卒初任給を約20万円として、また、

固定残業手当の時間は高卒給与で設定した14時間とすると、基本給と固定残業手当の組み立て方は下のようになります。

① 時間額を求める

基本給：173時間× X（時間額）

固定残業手当：X ×1.25（割増率）×14時間＝17.5X

基本給＋固定残業手当：173X ＋17.5X ＝200,000円

⇒時間額（X）：200,000円÷190.5≒1,050円

②基本給と固定残業手当

基本給：1,050円×173時間＝181,650円

残業手当の時間額：1,050円×1.25≒1,313円

固定残業手当：1,313円×14時間＝18,382円

基本給＋固定残業手当：181,650円＋18,382円＝200,032円

＜外国人技能実習生の初任給の設定＞

外国人技能実習生の賃金も「基本給＋固定残業手当」を利用することができます。

外国人技能実習生は、法定労働時間や法定休日の適用があるので、（法定）時間外労働や休日労働には割増賃金の支払いが必要で、かつ賃金額は日本人と「同等以上」とされています。

したがって、たとえば、前頁の例の新潟県の農業法人が採用する外国人技能実習生の初任給は、同じ法人で同時期に採用される高卒初任給と同額以上でなければならないので、17万円となります。

基本給＋固定残業手当：154,000円＋15,600円＝169,600円≒170,000円

＜都道府県別の高卒初任給の設定例＞

都道府県を地域別最低賃金額で３つのグループに分けて、初任給を「基本給＋固定残業手当」とし、その額を A グループ16万円、B グループ17万円、C グループ19万円とすると、次頁の表のようになります。

令和４年度最低賃金使用：地域別最低賃金を
３グループに分けた場合のグループごとの初任給の額

グループ	最低賃金 初任給 （月額）	該当する都道府県	例
A	870円未満 約16万円	青森（853）、岩手（854）、秋田（853）、山形（854）、福島（858）、鳥取（854）、島根（857）、徳島（855）、愛媛（853）、高知（853）、佐賀（853）、長崎（853）、熊本（853）、大分（854）、宮崎（853）、鹿児島（853）、沖縄（853）	例）島根県（857円／残業単価1,072円） ①基本給：148,261円（173時間） ②固定残業手当：17,152円（16時間） 　　①＋②：165,413円
B	870円以上 920円未満 約17万円	宮城（883）、茨城（911）、栃木（913）、群馬（895）、新潟（890）、富山（908）、岐阜（910）、石川（891）、福井（888）、山梨（898）、長野（908）、奈良（896）、和歌山（889）、岡山（892）、山口（888）、香川（878）、福岡（900）	例）茨城県（911円／残業単価1,139円） ①基本給：157,603円（173時間） ②固定残業手当：18,224円（16時間） 　　①＋②：175,827円
C	920円以上 約19万円	北海道（920）、埼玉（987）、千葉（984）、東京（1,072）、神奈川（1,071）、静岡（944）、愛知（986）、三重（933）、滋賀（927）、京都（968）、大阪（1,023）、兵庫（960）、広島（930）	例）千葉県（984円／残業単価1,230円） ①基本給：170,232円（173時間） ②固定残業手当：19,680円（16時間） 　　①＋②：189,912円

幹部候補として管理部門の責任者を採用する予定です。管理職には残業代を支給しなくてもよいと聞きましたが本当でしょうか？

労働基準法で定める労働時間・休憩・休日に関する規定は、①農水産業従事者、②管理監督者等、③監視・断続的労働従事者、④宿日直勤務者—のいずれかに該当する労働者については適用しません（労働基準法第41条）。ただし、これら①〜④の該当者についても年次有給休暇の付与、深夜業の割増賃金の支払いに関する規定の適用は除外されていません。②管理監督者等とは、一般的には、部長、工場長等経営者と一体になっている者をいいます。たとえ役付者であっても、実態が伴わなければ、法的には管理監督者として認められません。

農業の適用除外との違い

農業の適用除外とは、労働時間を例にとれば、事業の性質上、天候等の自然条件に左右されることから、1日8時間であるとか、1週40時間という法定労働時間の規制になじまないことを理由としており、実質的には、「法定労働時間を超えて労働させても違法とはならない」ことをいいます。ただし、使用者には労働者の労働時間の管理義務は、当然あり、また、労働時間に応じた賃金を支払わなければなりません。

これに対し、管理監督者の適用除外とは、管理監督者はその立場上、所定労働時間に拘束されず、厳格な時間管理になじまないことを理由としており、実質的には、「管理監督者は労働時間に応じた賃金を支払う対象者ではない」ということです。

同じ「適用除外」と言っても内容は全く異なることに注意してください。

適用除外の趣旨

職制上の役付者であればすべてが管理監督者として例外的取扱いが認められるものではありません。管理監督者に該当するかどうかは、当該

企業における役職名（課長など）ではなく、その労働者の職務内容、責任と権限、勤務態様、待遇を踏まえて実態により判断されます。すなわち、管理職の範囲と管理監督者の範囲は、必ずしも一致しません。役付者のうち、労働時間、休憩、休日等に関する規制の枠を超えて活動することが要請されざるを得ない、重要な職務と責任を有し、現実の勤務態様も、労働時間等の規制になじまないような立場にある者に限って適用の除外が認められるというものです。

実態に基づく判断

　管理監督者の範囲を決めるに当たっては、資格及び職位の名称にとらわれることなく、職務内容、責任と権限、勤務態様に着目する必要があります。具体的には、次の三要件すべてを満たすことが必要です。

① 　一般労働者を使用者に代わって指揮監督する権限を有している
② 　職務の性質上、労働時間・休憩・休日等の規定の枠を超えて働くことが要請されている
③ 　労働時間等に拘束されず、自己の判断で自由に出社、退社、休憩を取ることができる自由裁量権を有している

待遇に対する留意

　なお、管理監督者であるかの判定に当たっては、賃金等の待遇面についても無視できません。

① 　基本給、役付手当等において、その地位にふさわしい待遇がなされているかどうか
② 　賞与等の一時金の支給率、その算定基礎賃金等についても一般労働者と比べ優遇措置が講じられているか――等、留意する必要があります。

管理職が管理監督者でない場合

　厚生労働省は、平成20年に通達（管理監督者の範囲の適正化について）を出し、「企業内の『管理職』が直ちに労働基準法上の『管理監督者』に当たらないことを明らかにした上で、上記の趣旨及び解釈例規の内容を

十分に説明する」として、世間一般の誤解を解消しようとしています。さらに、「管理監督者の取扱いについて問題が認められるおそれのある事案については、適切な監督指導を実施する」としており、実際に問題だと判断された事案については、相応の監督指導が実施されております。

　したがって、管理職が上で挙げた要件を満たしていないため、労働基準法上の管理監督者であると主張することが困難な場合は、就業規則等で役付手当に一定時間分の時間外手当等が含まれることを明確にし、一定時間を超えて労働した場合には、別途支給する旨を規定化しておく必要があります。

「管理職手当」の就業規則（給与規程）記載例

（管理職手当）

第○条　　管理職手当は、管理職の固定の残業手当として、30時間分支給する。

2．管理監督者が当該月の所定労働時間を超えて労働を行った場合は、管理職手当をもって時間外手当および休日手当に代える。

3．管理職手当の1時間当たりの単価は、基本給時間額（基本給÷173時間）に2割5分増しした額とする。

4．管理職手当は、当該管理職の1か月の時間外労働が30時間に満たなくてもその全額を支給する。

5．管理職の時間外勤務手当、休日出勤手当および深夜勤務手当を計算した額の合計が固定残業手当の額を超える場合は、差額を時間外労働手当として支給する。

正社員を雇い入れる予定ですが、賞与は必ず支給しなければならないものでしょうか？

 賞与は利益が出たときに支給します。

　賞与は、必ず支給しなければならないものではなく、支給する、しないは事業主の自由ですが、その歴史も古く、長い間、年間賃金の一部として一般的に認識されてきました。

　農業の実態は正確にはわかりませんが、過去のアンケート等から推測すると，約７割の農業法人等が賞与を支給していると考えられます。

賞与の考え方

　賞与が従業員にとって働く上での大きなモチベーションであることは間違いありませんが、賞与は、「支給して当たり前」「もらって当たり前」という時代ではありません。賞与は、「利益が出たときに支給するものである」という原則を貫くことが大切です。利益という結果が伴わないのに支給してはいけません。従業員のやる気や生活を考えて、赤字でも賞与を支給する場合がありますが、賞与をもらえるのが当たり前だと思われると従業員に危機感がなくなるなどかえって逆効果です。

利益の配分方法

　かつては、平準・一律化した支給をするケースも多かったのですが、近年、多くの企業が賞与に格差を設けています。賞与は利益の配分なので、利益をもたらした者がより多くの利益を受けるのは当然、という考えです。

計算方法の例

　賞与額＝基本給×一律係数×役職係数×職能係数×評価係数×出勤率

　上の計算方法の特徴は、計算が簡単なことです。また次のような利点があります。

・一律係数や評価部分を増やすなどで業績対応や年功対応が可能になる。

・対応する係数を増減することによって、重きを置く項目を変更することも可能である。

● **計算例**

モデル／基本給：15万円、役職：主任、職能等級：3等級、評価：B、出
　　　　勤率：100%

<各係数>

一律係数	役職係数		職能係数	評価係数
1か月	部長、農場上、統括部長	：1.4	5等級：1.3	S：1.4
	課　長	：1.3	4等級：1.2	A：1.2
	主　任	：1.2	3等級：1.1	B：1.0
	中級社員	：1.0	2等級：1.0	C：0.8
	初級社員	：1.0	1等級：1.0	D：0.6

<賞与額>

150,000円（基本給）×1か月（一律係数）×1.2（役職係数）×1.1（職
能係数）×1.0（評価係数）×1.0（出勤率）＝198,000円

参　考

賞与の起源

　日本の賞与の起源は、江戸時代に商家の主人が盆暮れに奉公人に与えた着物（お仕着せ）といわれており、賞与としての記録は、三菱商会が明治９年に支給した例が最古のものといわれています。

通勤手当は、必ず支給しなければいけませんか？

 通勤手当は、労働基準法等の法令で支給が義務付けられていないので、支給する、しないは使用者が自由に決められます。

　通常、徒歩や自転車で通える距離（概ね2km以内）に対しては通勤手当を支給せず、それ以上の距離に対して通勤手当を支給しているケースが多いようです。

マイカー通勤者の通勤手当の額

　マイカーや自転車のみで通勤している場合に非課税となる1か月当たりの限度額は、片道の通勤距離のキロ数で決められています。

通勤距離（片道）	1か月当たりの非課税となる限度額
2km 未満	全額課税
2km 以上10km 未満	4,200円
10km 以上15km 未満	7,100円
15km 以上25km 未満	12,900円
25km 以上35km 未満	18,700円
35km 以上45km 未満	24,400円
45km 以上55km 未満	28,000円
55km 以上	31,600円

　片道通勤距離が2km未満の者で、かつ、マイカーや自転車等の交通用具を使用して通勤する者（徒歩で通勤する者を含む）に支給する通勤手当は、全額課税されますので注意が必要です。

通勤手当は賃金の扱い

　通勤手当を支給する場合には、通勤手当は額の多寡に係わらず賃金となります。

　したがって、通勤手当の額は、労働保険（労災保険・雇用保険）と社会保険（健康保険・介護保険・厚生年金保険）の算定の基礎に含めるので注意してください。

　また、賃金は、「通貨による支払」（労基法24条）が義務付けられているので、通勤定期（現物）での支給は、原則的にできないので注意が必要です。

◆◆◆◆ **ワンポイント** ◆◆◆◆◆◆◆◆◆◆◆◆◆◆◆◆◆◆◆

平均賃金と通勤手当の関係

　平均賃金算定の際の賃金の総額には通勤手当を含めなくてはいけません。

◆◆◆◆◆◆◆◆◆◆◆◆◆◆◆◆◆◆◆◆◆◆◆◆◆◆◆◆◆◆◆

Q36　中途入退社があったときの賃金の日割計算は、どのようにすればよいのでしょうか？

A　月の中途で入退社があったときの日割計算の方法には、①暦日による方法、②当該月の所定労働日数による方法、③月平均の所定労働日数による方法の3通りの方法があります。

賃金計算期間の途中で入社や退社があったときの賃金の計算は、通常日割で計算することになります。計算方法には、上の三つの方法があり、どの方法にするかは、使用者が任意に選択することができますが、中途での入社や退社の都度違った方法で計算をすることのないよう、就業規則等で定めておくことが大切です。

また、日割計算の際には、「基本給のみで家族手当は含まない」とか、「家族手当及び皆勤手当も含む」というように、家族手当等の諸手当がある場合の扱いについても定めておきます。

① 暦日による方法

$$所定賃金額 \times \frac{入社後の最初の賃金締切日までの間勤務した期間の暦日数}{当該賃金計算期間の全暦日数}$$

② 当該月の所定労働日数による方法

$$所定賃金額 \times \frac{入社後の最初の賃金締切日までの間実際に勤務した日数}{当該賃金計算期間の所定労働日数}$$

③ 月平均の所定労働日数による方法

$$所定賃金額 \times \frac{入社後の最初の賃金締切日までの間実際に勤務した日数}{月平均所定労働日数}$$

第5章　休　暇

 農業でも年次有給休暇を与えなければいけませんか？

 年次有給休暇については、農業においても適用除外とされていません。（労働基準法第39条）

　労働基準法で定められた年次有給休暇（以下年休）は、従業員が、6か月間継続勤務し、全労働日の8割以上の日数を勤務すると取得できます。

年休の付与日数

　通常のフルタイム勤務の正社員の場合の法定の年休の付与日数は、表1のとおりです。

表1　正社員の年休の付与日数

勤続年数	年休付与日数	勤続年数	年休付与日数
6か月	10日	4年6か月	16日
1年6か月	11日	5年6か月	18日
2年6か月	12日	6年6か月以上	20日
3年6か月	14日		

比例付与

　また、パートタイマー等で一般従業員と比較して所定労働日数の少ない労働者に対しては、年休を「比例付与」することになります（次頁の表2参照）。ただし、パートタイマー等であっても所定労働日数が正社員並み（週5日以上、年間所定労働日数217日以上）の場合は、比例付与

ではなく表1の日数を付与することになります。

　具体的には、次の2種類の労働者が比例付与の対象となります。

① 　労働時間が週30時間未満であって、かつ週の所定労働日数が4日以下の労働者（週所定労働日数が4日以下でも週の所定労働時間が30時間以上の者は正社員の表1に基づく）

② 　労働時間が週30時間未満であって、1年間の所定労働日数が216日以下の労働者（週以外の期間によって所定労働日数が定められている場合）

表2　非正社員（パートタイマー等）の年休の付与日数

週所定労働日数 （年間所定労働日数）		勤続年数に応じた年次有給休暇日数						
		6か月	1年 6か月	2年 6か月	3年 6か月	4年 6か月	5年 6か月	6年 6か月 以上
5日以上		10日	11日	12日	14日	16日	18日	20日
比例付与対象	4日（169日～216日）	7日	8日	9日	10日	12日	13日	15日
	3日（121日～168日）	5日	6日	6日	8日	9日	10日	11日
	2日（73日～120日）	3日	4日	4日	5日	6日	6日	7日
	1日（48日～72日）	1日	2日	2日	2日	3日	3日	3日

　当該年度に消化しきれなかった年休は、翌年度に限り繰り越されます。付与日数は最大20日（6年6か月以上）ですから、繰り越される日数も最大で20日です。したがって、年次有給休暇の日数は、繰り越された日数も含めて最大で40日（7年6か月以上）となります。

◆━◆━◆ **ワンポイント** ◆━◆━◆━◆━◆━◆━◆━◆━◆━◆━◆━◆━◆

年次有給休暇の日に支払うべき賃金

　年次有給休暇の日について支払うべき賃金については、次の３つの方法があります。

① 　平均賃金（３か月間に支払われた賃金の総額を３か月間の総日数で除したもの。ただし、賃金が日額や出来高給で決められ労働日数が少ない場合、総額を労働日数で除した６割に当たる額が高い場合はその額（最低保障額）を適用します。）

② 　通常の賃金（所定労働時間労働した場合に支払われる通常の賃金）

③ 　標準報酬日額（社会保険料の計算や給付の基礎になる標準報酬月額の30分の１）に相当する金額

　上の３つのうちどれを選択するかは自由ですが、その都度選択するというわけにはいきませんので、具体的には就業規則で定めておく必要があります。

　ただし、③による場合は、労使協定が必要です。

◆━◆

Q38

年次有給休暇（年休）について、年間5日は最低でも取得するように従業員を指導しなければいけないと聞きました。当社の従業員の多くは、ほとんど年休を請求しないので、どうしたらよいか困っています。

A

2018年の6月に成立した「働き方改革関連法案」は、非正規雇用の処遇改善や長時間労働の是正等多くの課題に対応する内容が盛り込まれていました。ご質問は、この中の「一定日数の年次有給休暇の確実な取得」のことです。これは、「年5日の年休の強制付与」と呼ばれるもので、施行日は2019年4月1日です。

改正法の内容

年次有給休暇（以下「年休」）は、過去の計算期間（最初は6か月、以後は1年）の出勤率8割以上という要件を満たす労働者に対して、継続勤務期間に応じた一定の日数が付与されます。従来、労基法では、年休の取得パターンを①労働者が取得の時季を指定する、②労使協定による方法により年休を計画的に付与、の2種類としていましたが、2018年の法改正で、③使用者が取得の時季を指定（年休の強制付与）が追加されました。

年休の強制付与の仕組

対象者となる労働者は、年休の付与日数が10日以上である労働者で、使用者は、当該労働者を対象として、年5日の年休を年休付与の基準日から1年以内の時季を指定して付与しなければならないというものです。

ただし、①労働者の時季指定、または②労使協定による計画的付与により年休が指定されたときは、その日数の合計を5日から差し引いた日数を時季指定すればよく、①及び②により指定された日数が5日以上に達したときは、使用者は時季指定の義務から解放されます。

使用者の時季指定に関する義務

　使用者が労働者の年休の時季を指定する際のポイントは、「労働者から時季に関する意見を聴取すること」と「労働者の時季に関する意思を尊重すること」の２点で、どちらも努力義務とされています。要するに使用者は、労働者から年休の取得時季の希望を聴取し、その労働者の希望を踏まえ年休の取得時季を指定することを努力義務としています。

　また、各労働者の年休の取得状況を確実に把握するため、使用者は、「年休の管理簿」の作成と備え付けが義務化されました。

罰則

　年休に関する既存の規定に違反した場合の罰則は、「６か月以上の懲役または30万円以下の罰金」ですが、今回の改正労働基準法第39条７項については、「30万円以下の罰金」が適用されます。

年次有給休暇管理簿（労働基準法施行規則第24条の７）

　年次有給休暇管理簿は、従業員ごとに年次有給休暇取得状況を管理する帳簿のことです。2019年４月の労働基準法の改正に伴い、企業等は従業員の年休取得状況を確認・記録しなければならなくなり、年次有給休暇管理簿の作成が義務付けられました。

　年次有給休暇の管理簿に記入しなければならない対象者は、年に10日以上有給休暇を付与された従業員です。したがって、年に10日以上有給休暇が付与されていない従業員に対しては、年次有給休暇管理簿の作成義務はありません。

　年次有給休暇管理簿に記載しなければならない事項は、①取得した有給休暇の日数②取得時季③基準日の３項目です。基準日とは、企業が従業員に有給休暇を初めて付与した日のことです。例えば、2022年10月１日に有給休暇が付与された場合、基準日は2022年10月１日になります。なお、年次有給休暇管理簿は退職後も５年間の保存義務があります。

こんな場合はどう取り扱うのか

　イ「入社日から年休を付与する場合」やロ「全社的に年休の起算日を合わせるために2年目以降に付与日を変える場合（例えば2年目以降の年休付与日を毎年4月1日とするケース）」については、次のような扱いとなります。イの場合のように、法定の基準日（雇入れの日から半年後）より前に10日以上の年休を付与する場合は、付与した日から1年以内に5日指定して取得させなければなりません。ロの場合で、入社した年と翌年で年次有給休暇の付与日が異なるため、5日の指定義務がかかる1年間の期間に重複が乗じる場合には、重複が生じるそれぞれの期間を通じた期間（前の期間の始期から後の期間の終期までの期間）の長さに応じた日数（比例按分した日数）を、当該期間に取得させることも認められるとしています。図解すると次頁の図のようになります。

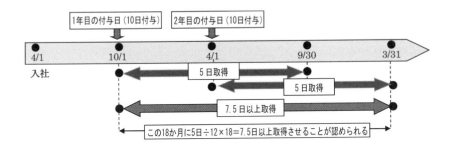

「年休の計画的付与」の利用が有効

　今回の労基法改正により、使用者は各労働者に対して、年５日の年休の時季指定の義務を負いますが、計画的付与による年休取得日数は５日から差し引くことができます。つまり、「年休の計画的付与に関する労使協定」を締結することにより、使用者による時季指定の負担の軽減が可能となります。詳しくは、Q42を参照してください。

パートタイマーの甲さんに年次有給休暇をどのように付与し、具体的にいくら支給すればよいのでしょうか？

　甲さんは、日曜日が定期休日で所定労働時間は日によって異なり（6
～7時間／週28時間未満）、週4日（曜日は不定期）勤務です。甲さんの
過去3か月の給与額と労働日数は下表のとおりです。

月	8月	9月	10月	合計
給与額（時給）	92,080円	128,793円	122,564円	343,437円
労働日数（暦日数）	16（31）	18（30）	18（31）	52（92）

$\boxed{A}$　年次有給休暇（以下「年休」）は、労働者の申出に基づき労働が
免除される日ですが、この休暇日に対して使用者には賃金の支
払いが義務付けられています。労働基準法で定められた年休は、従業員
が、6か月間継続勤務し、全労働日の8割以上の日数を勤務すると10日
取得できます。パートタイマー等で一般従業員と比較して所定労働日数
の少ない労働者に対しては、年休を「比例付与」することになります。

甲さんの年休の付与と支払う額

　甲さんは、週4日勤務で、かつ週の所定労働時間が30時間未満なので、
付与日数は、Q37の表2の「比例付与対象」の所定労働日数週4日の行
で勤続年数に応じた列から求めます。

　甲さんの場合、日曜日以外の休日は不定期なので注意が必要です。年
休を付与する日は、就労の義務のある日（労働日）ですから、使用者（ご
質問者）は勤務表等で事前に労働日を指定し、労働者（甲さん）は、労
働日にのみ年休を取得することができます。

　また、年休の日に支払うべき賃金は、「通常の賃金」であれば、その日
に勤務するべき時間分の賃金を支払うことになりますので、事前に勤務
表等で指定した時間分の賃金を支払うか、労働時間はその日その時の状
況等でそれが困難な場合には、「平均賃金」とします。

　なお、平均賃金とする場合、甲さんは時給なので、年休に支給する給与は、原則で計算した額と最低保障額（算定期間中の賃金総額÷算定期間中の実際に労働した日数×60％）のいずれか高い方となります。

原則：343,437円÷92日＝3,734円

最低保障額：343,437円÷52日×60％＝3,963円

　したがって、甲さんの年休に支給する給与は、最低保障額の3,963円となります。

◆◆◆　ワンポイント　◆◆◆◆◆◆◆◆◆◆◆◆◆◆◆◆◆◆◆◆◆◆

基準日で管理する場合の「年次有給休暇」の規定の例

　従業員の入社月がまちまちである場合、各自の年休を法定どおりに管理するのは、とても煩雑です。この場合、年休の基準日を設けて管理するという方法があります。

<4月1日を基準日とする就業規則の例>

1．6か月継続勤務し、所定労働日の8割以上出勤した者には、4月1日を基準日として10労働日の年次有給休暇を与える。その後は、1年を超えるごとに勤続年数に応じて次の表に定める年次有給休暇を与える。

勤続年数	6か月	1年6か月	2年6か月	3年6か月	4年6か月	5年6か月	6年6か月
付与日数	10	11	12	14	16	18	20

2．初年度の有給休暇は、6か月継続勤務し、所定労働日数の8割以上出勤した者に10労働日を与え、基準日で1年6か月継続勤務したものとみなす。

◆◆◆◆◆◆◆◆◆◆◆◆◆◆◆◆◆◆◆◆◆◆◆◆◆◆◆◆◆◆◆◆◆◆◆◆

年休の取得を希望する場合は、「少なくとも１週間前に休暇の目的を申し出ないと承認しない」としてもいいですか？

いけません。取得手続を守らないと年休を与えない、というのは違法です。また、原則として、年休の取得は、使用者の承認を必要しません。

　年休の取得を希望する場合は、「少なくとも１週間前に休暇の目的を申し出ないと承認しない」というような例がありますが、取得手続を守らないと年休を与えない、というのは違法です。原則として、年休の取得は、使用者の承認を必要としません。また、どのように年休を利用しようが労働者の自由です。したがって、目的を申し出なければ年休を与えないというのも違法です。年休は、原則として、労働者が取得を希望する日を特定して使用者に通告することにより成立します。年休はこのような性格をもっているため、ぎりぎりの人数で事業を切り盛りしている事業主の多くは労働者からの年休の請求に抵抗感をもっています。しかし、一般的に休暇が取得しやすい職場ほど労働者の定着率がよい傾向にあるため、長期的な視野で労働環境を考えた場合、年休の取得が困難な職場と年休の取得が容易な職場を比較した場合、後者の方が明らかに事業主にとってもメリットがあるといえます。

年休の時季変更権
　労働者が年休の時季指定をした場合、その年休取得により事業の正常な運営が妨げられるときには、使用者は年休取得を拒否する権利（時季変更権）があります。この時季変更権を行使するための要件は、労働者の指定した時季の年休取得が「事業の正常な運営を妨げる」ことですが、人手不足の事業場で働く労働者は年休がとれなくなるため、「日常的に業務が忙しい」「慢性的に人手が足りない」という理由では、時季変更権の要件は充たされないと考えられています。使用者にとっては、この点

に留意が必要です。

半日単位の付与

　従業員が年休を取得する単位は、原則として「日」とされています。ただし、半日単位で認めることは、違法ではないとされています。「半日単位」の付与には、次のような方法があります。

　　イ　午前と午後
　　ロ　所定労働時間を２で割る

　イのケースが一般的で「午前中病院に寄る」といった場合や「午後から子供の学校で面談がある」といった場合に年休を利用することができます。ロのケースは、午前と午後では時間的な不都合がある場合に、それをなくすために所定労働時間をきっちり半分に分けるというものです。

年休の時間単位の付与

　少子化、高齢化等の社会構造の変化等にともない、休暇に対するニーズも多様化しています。たとえば、子どもの保育園の送迎の対応や同居している親の介護の対応などで、１～２時間程度の休暇が必要となる場合もあります。このような状況を鑑み、平成22年の労働基準法の改正では、従業員の仕事と生活の調和を図る観点から、年次有給休暇を有効に活用できるよう、労使協定の締結を条件に、年次有給休暇を「時間」単位で取得できるようになりました（労働基準法第39条４項）。

参　考

労働基準法第39条第４項（時季変更権）

　使用者は、前三項の規程による有給休暇を労働者の請求する時季に与えなければならない。ただし、請求された時季に有給休暇を与えることが事業の正常な運営を妨げる場合においては、他の時季にこれを与えることができる。

■◆◆ ワンポイント ◆◆■

月給にすると年休に対する抵抗感が減る

　農業の使用者は、他産業と比較して年休に対する抵抗感が強いようです。「いかにして年休を請求されないようにするか」腐心している使用者も少なくなく、面倒な取得手続を課して取得の妨害をしているケースも見られます。

　農業では正社員であっても時給や日給で賃金を支給するケースが多いという実情があります。そして、とくに年休の抵抗感が強いのは、正社員に対して時給や日給で賃金を支給している使用者です。働いていない日に対して所定の賃金を支給することに単純に抵抗感があるのです。この場合、月給制に移行することでかなり抵抗感は減少します。時給や日給の場合は支給する、月給の場合は減額しない、という年休の効果は同じであるにも係わらずその抵抗感の差は大きいのです。

Q41 自己都合で退職する者が、退職間際に年休の残日数を全て消化したい旨請求してきました。この場合も与えないといけないのですか？

A 原則として年休は、従業員の希望どおりに与えなければなりません。

　自己都合で退職する予定の者が、退職間際に年休の未消化分をすべて消化したいと使用者に申し出てトラブルとなるケースが多く見受けられます。

　年休は、原則として労働者の請求する時季に与えなければならないので、退職間際だからといって、使用者はこれを拒否することはできません。ただし、労働基準法は「事業の正常な運営を妨げると認められる場合」には、使用者は、他の時季に与えることができるとしています（時季変更権）。

　時季変更権でいう「事業の正常な運営を妨げると認められる場合」とは、「個別的、具体的に客観的に判断されるべきもの」とされているので、具体的には事業内容や職場の事情等を総合的に考慮して判断されます。しかし、退職が決まっている者に対しては、そもそも年休を与えるべき「他の時季」がないため、結局、年休の請求を拒むのは難しいのが現実です。したがって、この場合、引継ぎ等の業務が円滑に終了するまで、退職日を先に延ばしてもらうなど、労使の間でよく話しあって妥協点を探る努力が必要になります。

年休の買い上げは可能か

　年休は、休暇を取ることによって労働者の心身の疲労を回復させ、労働力の維持培養を図ることを目的としています。したがって、休暇を与える代わりに金銭を給付することは本来の目的を果たすことになりません。法律は、「休暇を与えなければならない」（労働基準法第39条）と使用者に義務付けているので、年休を買い上げることは違法です。

　ただし、労働者の退職や解雇に際し、年休の残日数分を買い上げることは、好ましいことではないものの労基法違反ではないとされています。

当社は、8月13日から8月15日までの3日間を夏季休暇にしています。年休をこの夏季休暇にあてることはできますか？

 可能ですが、従業員代表と労使協定を締結する必要があります。

　年休は、労働者の請求する時季に与えなければなりませんが、使用者が計画的に年休となる日を指定して、事前に「年休予定表」を作成し、指定された日を「年次有給休暇の日」と定めることも可能で、これを「年次有給休暇の計画的付与制度」といいます。もともと年休の消化が進まないことに業を煮やした国が、年休の取得率の向上、労働時間短縮の推進を目的として作られた制度です。具体的には、労働者の個人的理由による取得のために一定の日数（5日）を留保しつつ、これを超える日数については、労使協定による計画的付与を認めることとし、これにより年休の取得率を大幅に向上させようとしたものです。年休の付与日数のうち5日は、個人が自由に取得できる日数として必ず残しておかなければならないので、例えば、年休の付与日数が10日の従業員に対しては5日、20日の従業員に対しては15日までを計画的付与の対象とすることができます。

　たとえば、まとまった休日がなく休暇も取りづらい職場では、あまり忙しくない時期に年休を計画的に付与することにより、従業員にとっては心身をリフレッシュするよい機会にもなり、また一定の年休消化にもつながるというメリットがあります。

1．計画的付与の導入に必要な手続き

　年次有給休暇の計画的付与制度の導入には、就業規則による規定と労使協定の締結が必要になります。

⑴　就業規則による規定

　年次有給休暇の計画的付与制度を導入する場合には、まず、就業規則

に「5日を超えて付与した年次有給休暇については、従業員の過半数を代表する者との間に協定を締結したときは、その労使協定に定める時季に計画的に取得させることとする」などのように定めることが必要です。

(2) 労使協定の締結

　実際に計画的付与を行う場合には、就業規則の定めるところにより、従業員の過半数で組織する労働組合または労働者の過半数を代表する者との間で、書面による協定を締結する必要があります。

　なお、この労使協定は所轄の労働基準監督署に届け出る必要はありません。

2．計画的付与の方法

　年次有給休暇の計画的付与には3方式あり、各々の方式にはそれぞれ労使協定において定めなければならない事項が決まっています。

年休の計画的付与の方式	労使協定において定められるべき事項
事業場全体の休業による一斉付与方式	具体的な年次有給休暇の付与日
班別の交替制付与方式	班別の具体的な年次有給休暇の付与日
年休付与計画表による個人別付与方式	計画表を作成する時期、手続等

年次有給休暇の計画的付与に関する労使協定の例

年次有給休暇の計画的付与に関する労使協定

　有限会社菜祭クラブと同社従業員代表橋本公一とは、標記に関して次のとおり協定する。

1　当社に勤務する社員が有する令和4年度の年次有給休暇のうち5日分については、次の日に与えるものとする。

　　5月1日、2日、8月13日、14日、15日

2　当社社員であって、その有する年次有給休暇の日数から5日を差し引いた
　　残日数が5日に満たないものについては、その不足する日数の限度で、第1
　　項に掲げる日に特別有給休暇を与える。

令和4年4月1日

　　　　　　　　　　　　　　　　　　有限会社菜祭クラブ
　　　　　　　　　　　　　　　　　　代表取締役　日野信一郎　㊞

　　　　　　　　　　　　　　　　　　有限会社菜祭クラブ
　　　　　　　　　　　　　　　　　　従業員代表　橋本公一　　㊞

参　考

労働基準法第39条第5項（計画的付与）

　使用者は、当該事業場に、労働者の過半数で組織する労働組合がある場合に
おいてはその労働組合、労働者の過半数で組織する労働組合がない場合におい
ては労働者の過半数を代表する者との書面による協定により、第一項から第三
項までの規定による有給休暇を与える時季に関する定めをしたときは、これら
の規定による有給休暇の日数のうち5日を超える部分については、前項の規定
にかかわらず、その定めにより有給休暇を与えることができる。

Q43 法律で定められた休暇にはどのようなものがありますか？

A 法律で労働者に付与することが義務付けられている休暇は、年次有給休暇理休暇のほかに次のようなものがあります。原則として、使用者は、従業員からこれらの休暇の請求を受けた場合にはそれを拒むことはできませんが、有給にする義務はありません。

① 公民権行使の保障（労働基準法第７条）

日曜日が休日でない人は、選挙に行くことが難しいときがあります。このような場合に従業員から請求があったときは、必要な時間を与えなければなりません。

ただし、従業員から一斉に請求を受けると困る場合には、請求された時間を変更することは可能です。

② 生理休暇（労働基準法第68条）Q45参照

使用者は、生理日の就業が著しく困難な女性が休暇を請求したときは、就業させることはできません。

③ 産前産後休暇（労働基準法第65条）Q46参照

使用者は、６週間（多胎妊娠の場合は14週間）以内に出産する予定の女性が休業を請求した場合、就業させることはできず、産後８週間を経過しない女性を就業させることはできません。

④ 妊産婦の受診（男女雇用機会均等法第12条）Q46参照

妊娠中や出産後１年を経過しない女性従業員が保健指導等を受けるために必要な時間の休業を申し出た場合、事業主はその申し出に応じなければなりません。

⑤ 育児休業（育児・介護休業法第５条、６条等）Q47参照

従業員は、男女を問わず、育児休業を申し出ることができ、事業主はこれを拒むことができません。

⑥ 育児時間（労働基準法第67条）

育児休業とは別に生後１歳未満の乳児を養育する女性従業員に対し

て、その請求に基づき、使用者は1日2回、それぞれ30分ずつ付与しなければなりません。

⑦　介護休業（育児・介護休業法第11条、12条等）Q48参照

　法定要件を満たす従業員から、介護休業の申し出があった場合に事業主はこれを拒むことはできません。

⑧　子の看護休暇（育児・介護休業法第16条の2等）Q47参照

　小学校就学前の子を養育する従業員から、その子の病気・けがの看護のために休暇の申し出があった場合、事業主は1年に5日（子が2人以上の場合は10日間）まで与えなければなりません。

⑨　介護休暇（育児・介護休業法第16条の5等）

　要介護状態にある家族の介護その他の世話をする従業員から、介護休暇の申し出があった場合、事業主は1年に5日（当該家族が2人以上の場合は10日間）まで与えなければなりません。

第6章　年少者、女性、育児・介護休業

Q44

今春中学を卒業したばかりの15歳の少年を雇用することになりました。労務管理をするうえで注意しなければならないことは何でしょうか？

Ⓐ 他産業では、年少者に時間外労働、休日労働をさせることができません。農業は労働時間関係が適用除外であるため時間外労働、休日労働をさせることが可能です。

　労働基準法でいう未成年者とは20歳未満の者をいい、未成年者のうち、満18歳未満の者を年少者といいます。18歳未満の年少者には一定の保護が必要なため就業上の特例があります。18歳に達した未成年者については、成人と比べ大きな就業上の特例はありませんが、未成年者全般にわたり、親権者又は後見人が存在しても本人が労働契約を締結し（労働基準法第58条）、本人が賃金を受け取ること（労働基準法第59条）とされています。

　年少者には、原則として時間外労働と休日労働をさせてはならないとしていますが、農業は労働時間関係が適用除外なので、時間外労働、休日労働ともにさせることが可能です。ただし、労働基準法が年少者を特例扱いにしていることを鑑み、過重な長時間労働等はさせないよう注意を払うべきです。

年少者・未成年者の特例

年齢区分	年少者（児童除く） 中学卒業～18歳未満	未成年者(年少者除く) 18歳以上20歳未満
親権者又は後見人が代わりに労働契約を締結	不可	不可
親権者又は後見人が代わりに賃金を受け取る	不可	不可
時間外労働、休日労働	不可（農業は可）	可
深夜労働	不可（農業は可）	可
危険・有害業務、坑内労働	不可	可
解雇から14日以内に帰郷する旅費の負担	要	不要

児　童

　労働基準法でいう「児童」とは中学生以下の者をいい、使用者は、満15歳に達した日以後の３月31日が終了するまで、これを使用してはならないとしています（労働基準法第56条）。中学卒業前の児童には仕事をさせてはならないということです。

　ただし、例外として、非工業的事業に係る職業で、児童の健康及び福祉に有害でなく、かつ、その労働が軽易なものについては、所轄労働基準監督署長の許可を受けて「満13歳以上」の児童をその者の修学時間外に使用することができます。

　また、児童の労働時間は、休憩時間を除き、修学時間を通算して、１日７時間、１週40時間が限度です。

女性従業員から生理日で仕事が辛いので休みたいと言われました。毎月生理日のたびに休暇をあげないといけないのでしょうか？

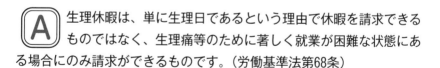 生理休暇は、単に生理日であるという理由で休暇を請求できるものではなく、生理痛等のために著しく就業が困難な状態にある場合にのみ請求ができるものです。（労働基準法第68条）

　ただし、使用者は、請求者が「就業が著しく困難な状態」にある限り、休暇の日数や時間を制限することはできません。この生理日の休暇については、無給としてさしつかえありません。

女性と労働基準法

　労働基準法では、法律の制定当初からしばらく、女性保護規定を数多くおいていましたが、女性の社会進出の進行に伴い、母性保護を除く女性保護規定は段階的に撤廃されてきました。平成18年の改正で「女性の坑内労働」が解禁され、保護の対象は基本的に妊産婦等のみとなり、妊産婦等に対して坑内労働や有害業務を禁じています。

 参　考

労働基準法第68条（生理休暇）

　使用者は、生理日の就業が著しく困難な女性が休暇を請求したときは、その者を生理日に就業させてはならない。

＜生理日の休暇の日数＞
　生理日の休暇は、著しく困難な事実がある限り請求し得るものであるから、その日数を客観的な基準により就業規則等を定めることは許されない。

（昭63.3.14基発150号、婦発47号）

妊娠 6 か月の従業員がいます。産前産後の休暇の期間はどのくらいですか？

 産前 6 週間（多胎妊娠の場合は14週間）、産後 8 週間です。（労働基準法第65条）

　産前と産後の休暇の扱い方に違いがあります。産前の場合は、6 週間以内（多胎妊娠の場合は14週間）に出産が予定されるとき、本人の請求により与えられるのに対し、産後の場合は本人の請求の有無にかかわらず与えなければならず、産後 8 週間は、たとえ本人が希望しても就業させてはいけません。

　ただし、出産後 6 週間を経過した女性が請求した場合で、その者について医師が支障ないと認めた業務に就かせることは差し支えありません。

　出産というのは、妊娠 4 か月以上の分娩のことをいい、これは、生産、流産または死産の別を問いません。また、妊娠 1 か月とは、28日をいい、妊娠 4 か月以上というのは、妊娠 4 か月目の第 1 日目から該当するので、28日× 3 か月＋ 1 日＝85日となり、85日以上の妊娠による分娩に対し、出産予定日までの 6 週間、産後 8 週間の計14週間の休暇を与えることになります。出産の予定日が遅れた場合は、その遅れた日数分は産前休暇に加えられます。

妊産婦の受診（男女雇用機会均等法）

　妊娠中または、出産後 1 年を経過しない女性従業員が母子保護法の規定による保健指導または、健康診査を受けるために必要な時間の休業を申し出た場合、事業主はその申し出に応じなければなりません。（男女雇用機会均等法12条）

　また、妊娠中または出産後 1 年を経過しない女性従業員が、医師等から健康診査に基づいた指導を受け、この指導事項を守るための措置について申し出た場合、事業主はその申し出に応じ、必要な措置を講じなけ

ればなりません。（男女雇用機会均等法第13条1項）

ワンポイント

健康保険の出産に関する給付

出産手当金（健康保険法第102条）

　出産の日前後の一定期間（出産の日以前42日から、出産の日後56日までの間）労務に服さず、かつ、その期間、報酬の支払を受けなかったときに、1日につき標準報酬日額の3分の2に相当する額が支給されます。

　報酬が支払われる場合、報酬の額が出産手当金の額に満たないときは、その差額が支給され、全額が支払われる場合は、支給されません。

出産育児一時金（被扶養者の出産のときは家族出産育児一時金）（健康保険法第101条、第114条）

　被保険者または被扶養者が出産したときに支給されます。原則は医療機関等への直接支払制度により支給申請は不要でしが、直接支払制度を利用しない場合は、1児につき、42万円（産科医療補償制度に加入していない医療機関等において出産した場合は40.4万円）支給されます。

妊娠中の女性従業員から産前産後の休暇のあと引き続き育児休業を取得したいと言われました。いつまで休業させることになりますか？

 産前産後休暇を取得後引き続き育児休業を取得する場合、最長で２歳までです。（育児・介護休業法第５条）

育児休業の対象となる労働者

　育児休業とは、労働者が原則として１歳に満たない子を養育するためにする休業をいい、原則として、「日々雇用」を除くすべての労働者が対象ですが、労使協定により次の労働者を対象から外すことができます。

・雇用期間が１年未満の労働者

・１年以内に雇用期間が終了する労働者

・１週間の所定労働日数が２日以下の労働者

＜有期契約労働者は、申出時点において次の要件を満たすことが必要＞

・子が１歳６か月になるまでの間に雇用契約がなくなることが明らかでないこと

育児休業の期間

　原則として子が１歳に達する日までの連続した期間で、子１人につき、原則として２回取得できます。

●父母がともに育児休業を取得する場合は、子が１歳２か月に達する日までの間取得可

　ただし、父母１人ずつが取得できる期間の上限は、父親は１年間、母親は出産日・産後休業期間を含む１年間

●子が１歳に達する日において（１歳２か月までの育児休業を、１歳を超えて取得している場合は、その終了予定日において）、父母いずれかが育児休業中で、かつ次の事情がある場合には、１歳６か月に達する日までの取得が可能

・保育所等の利用を希望しているが、入所ができない場合

・常態として子の養育を行っている配偶者であって、１歳以降子を養育
する予定であった者が死亡、負傷、疾病等により子を養育することが
困難となった場合の期間

なお、１歳６か月以後も、保育園等に入れないなどの場合には、会社
に申し出ることにより、育児休業期間を最長２歳まで延長が可能

産後パパ育休（出生時育児休業）

令和４年10月より男性の育児休業取得を促進する制度として、出生時
育児休業が始まりました（養子の場合は女性も取得可能）。子の出生後
８週間以内に４週間まで取得可能で、既存の育児休業とは別に取得でき
ます。分割して２回取得可能で、労使協定を締結している場合に限り、
労働者が合意した範囲で休業中に就業することが可能です。

子の看護休暇

育児介護休業法により、小学校就学前の子を養育する従業員（男女を
問わず）から、その子の病気・けがの看護のために休暇の申し出があっ
た場合、事業主は１年に５日（子が２人以上の場合は10日間）まで与え
なければなりません。

なお、時間単位で取得することができます。

自宅で両親を介護している従業員から介護休業を請求されました。介護休業は何日まで付与できますか？

 対象家族1人につき通算93日です。（育児・介護休業法第11条）

介護休業の対象となる労働者

　介護休業とは、労働者が要介護状態（負傷、疾病又は身体上若しくは精神上の障害により、2週間以上の期間にわたり常時介護を必要とする状態）にある対象家族を介護するためにする休業で、原則として、「日々雇用」を除くすべての労働者が対象ですが、労使協定により次の労働者を対象から外すことができます。
・雇用期間が1年未満の労働者
・93日以内に雇用期間が終了する労働者
・1週間の所定労働日数が2日以下の労働者
＜有期契約労働者は、申出時点において、次の要件を満たすことが必要＞
　介護休業取得予定日から起算して、93日を経過する日から6か月を経過する日までに契約期間が満了し、更新されないことが明らかでないこと。

対象となる家族の範囲

　配偶者（事実婚を含む）、父母、子、配偶者の父母、祖父母、兄弟姉妹及び孫

介護休業の期間と回数

　対象家族1人につき通算93日まで、3回を上限として、介護休業を分割して取得することができます。

介護のための所定労働時間の短縮措置等

　事業主は、要介護状態にある対象家族の介護をする労働者に関して、

対象家族１人につき、以下のうちいずれかの措置を選択して講じなければなりません。

① 　所定労働時間の短縮措置

② 　フレックスタイム制度

③ 　始業・終業時刻の繰上げ・繰下げ

④ 　労働者が利用する介護サービス費用の助成その他これに準じる制度

　なお、上記措置は、介護休業とは別に、利用開始から３年の間で２回以上の利用が可能としなければなりません。

第7章　退職・解雇

Q49　従業員は、簡単には解雇できないというのは本当ですか？

A 労働契約法第16条で、「解雇は、客観的に合理的な理由を欠き、社会通念上相当であると認められない場合は、その権利を濫用したものとして、無効とする」としています。この規定を基本ルールとして、解雇をめぐるトラブルを防止・解決していくのが目的です。

また、「使用者は、期間の定めのある労働契約について、やむを得ない事由がある場合でなければ、その契約期間が満了するまでの間において、労働者を解雇することができない」（労働契約法第17条）としており、原則として契約期間の途中での解雇を禁止しています。

就業規則等への「解雇の事由」の記載

労使当事者間において解雇に関する事前の予測可能性を高めるために、就業規則等に「退職に関する事項」として「解雇の事由」を記載しなければなりません。

就業規則規定例

第○条（解雇）

　従業員が、次の各号のいずれかに該当するに至ったときは、解雇する。

① 　勤務成績または業務能率が著しく不良で、向上の見込みがなく、他の職務に転換できない等、就業に適さないと認められたとき

② 　勤務状況が著しく不良で、改善の見込がなく、従業員としての職責を果た

　　し得ないと認められたとき
③　試用期間中または試用期間満了時までに従業員として不適格であると認められたとき
④　事業の運営上やむを得ない事情または天災事変その他これに準ずるやむを得ない事情により、事業の縮小・転換または部門の閉鎖等を行う必要が生じ、他の職務に転換させることが困難なとき

解雇制限

　労働者が解雇された後、再就職するのが困難な場合、たとえば出産などにより労働が困難な場合の解雇を制限することによって、労働者が安心して養生・休業することができるようにしたものです。解雇を制限される場合として、次の２つを定めています。
①　業務災害による休業期間とその後の30日間
②　女性労働者が産前・産後の休暇を取得している期間とその後の30日間

解雇制限の例外

ア　使用者が打切補償を支払った場合
　　労働基準法第81条では、療養補償を受ける労働者が、療養の開始後３年を経過しても負傷・疾病が治らない場合に、使用者は、平均賃金の1,200日分の打切補償を支払えば、その後の補償義務を免れるとしています。この打切補償をしたときは、業務上の傷病の休業期間、その後の30日間であっても解雇できることになります。
イ　天災その他やむをえない事由のために事業の継続が不可能となった場合
　　この場合は、所轄労働基準監督署長の認定を受けなければなりません。

ワンポイント

解雇か退職か

　従業員を解雇したいという相談を受けることは多いのですが、私はなるべく解雇は避け、本人が自主的に退職するよう働きかけることを勧めます。具体的には、当該従業員本人の将来について本人と率直によく話し合うことを提案します。この話し合いのポイントは、

・本人に対し、将来に目を向けさせる

・退職が人生の転機となることを悟らせる

ことです。労使が互いに感情的になり、建設的な話し合いが困難な場合もありますが、雇用した者の責務として、自分の会社を辞めていく従業員が、その後より幸せに生きていくことができるように努力することは、経営者として必要なことだと思います。

労働者を解雇する際に必要な手続きは何ですか？

労働者に再就職のための時間的・経済的余裕を与えるため、①少なくとも30日前に予告するか、②30日以上の平均賃金を支払わなければなりません。（労働基準法第20条）

この場合、予告日数を平均賃金と換算することができます。たとえば、平均賃金15日分を支払って、15日前に予告することもできます。

解雇予告の例外

ア　天災その他やむをえない事由のために事業の継続が不可能となった場合

イ　労働者の責めに帰すべき事由で解雇する場合

　　この場合は、所轄労働基準監督署長の認定を受ければ、30日前の予告や30日分の平均賃金の支払義務を免れることができます。

解雇予告通知書の例

山口正雄　殿

　誠に不本意ですが、以下の理由で、あなたを令和4年8月31日付けで解雇しますので通知します。

解雇理由

　貴殿は、代表取締役に対して口答えすることが度々ある等、他の従業員に示しがつかないことが多くみられ、会社もその都度注意してきたものの貴殿は全く改善されることがありません。会社としては、これ以上貴殿の雇用を続けると職場の風紀を大きく乱すことになる恐れがあると判断し、残念ですが、解雇します。

解雇予告通知日

令和4年7月31日

住　　所	●●県●●市○○町567番地
事業所名	有限会社菜菜豊
事業主名	代表取締役　木村義邦　㊞

解雇予告の適用除外者

解雇予告の適用除外者	解雇予告が必要になる場合
日々雇入れられる者	左の者が1か月を超えて引き続き使用されるに至った者
2か月以内の期間を定めて使用される者	左の者が所定の期間を超えて引き続き使用されるに至った場合
季節的業務に4か月以内の期間を定めて使用される者	
試の使用期間中の者	左の者が14日を超えて使用されるに至った場合

突然、辞めたいという従業員がいて困っています。本
人の希望どおりに退職させなければいけませんか？

　長年一緒に働いてくれた正社員が突然「今週一杯で退職したい」と言っ
てきました。引継ぎもあるので、せめてあと１か月は仕事をして欲しい
のですが、本人の希望どおり退職させなければいけませんか？なお、就
業規則は作っていません。

 退職の申し出の翌日から数えて14日目に雇用関係は切れること
になります。

期間の定めのない労働契約の場合

　期間の定めのない労働契約では、労働者からの意思表示による退職に
ついては、法的な規制はありません。したがって、労働者はいつでも自
由に退職できるということになります。民法第627条では「雇用契約は
解約の申し出があった後、２週間で雇用関係が終了する」と規定してい
ますから、退職の申し出の翌日から数えて14日目に雇用関係は切れるこ
とになります。ご質問のケースでは、労働者が今週末退職を希望という
ことですが、退職申し出の日から２週間は引き続き仕事をしてもらうこ
とはできるでしょう。

　このように労働者の突然の退職は、使用者側としては当然困ることに
なります。就業規則等で、たとえば「退職願は少なくとも１か月前に提
出すること」と規定することは問題ありませんので、就業規則を作成す
る際の参考にしてください。

労働契約終了に伴う手続き
退職等の証明

　労働者が、退職の場合において、使用期間、業務の種類、その事業に
おける地位、賃金又は退職の事由（退職の事由が解雇の場合にあつては、
その理由を含む）について証明書の交付を請求した場合には、使用者は、
遅滞なくこれを交付しなければなりません。なお、証明書には、労働者

の請求しない事項を記入してはなりません（労働基準法第22条第 1 項）。

　また、解雇予告がされた日から退職の日までに、その解雇の理由について証明書を請求した場合には、使用者は遅滞なく証明書を交付しなければなりません（同条第 2 項）。

金品の返還

　労働者（死亡の場合は相続人）から請求があった場合、本人の権利に属する賃金その他の金品を 7 日以内に支払い、返還しなければなりません（労働基準法第23条）

　ただし、これには退職金は除かれます。退職金については、通常の賃金とは異なり、あらかじめ就業規則等で定めた支払い時期に支払えば問題ありません。

無断欠勤して１週間になる従業員がいます。電話しても出ずどうしたらよいか分からず困っています。自己都合退職として処理してよいでしょうか？なお、就業規則は作っていません。

 まず、欠勤している原因を確認してください。

　使用者として、従業員に事故や急病などのやむを得ない理由がないか、同僚がいればいじめなど欠勤の原因と考えられることはなかったかということを確認します。電話に出ないということなので直接本人宅に出向き状況確認をしてください。本人に会えて状況が分かれば、仕事を続ける意思を確認し、場合によっては退職という流れになるでしょう。

本人と連絡が取れない場合

　電話をしても出ず、本人宅に行っても何の反応もなく、いるかいないか分からないということであれば、本人の両親等の家族、身元保証人または緊急連絡先に連絡してください。そのうえで後々トラブルになることを避けるために内容証明郵便で出勤の督促を行い、会社として本人と連絡を取る努力をしている証拠を残してください。

無断欠勤が２週間以上に及んだら就業の意思確認を行う

　労働基準監督署において「解雇予告除外認定」（社員に重大な違反行為があったとして30日の解雇予告期間をおかない即時解雇を認めること）される具体的基準として行政通達により「原則として２週間以上正当な理由無く無断欠勤し、出勤の督促に応じない場合」というものがあります。したがって、無断欠勤が２週間以上も続いているようであれば、解雇も止む無しの状況と考えて差し支えないでしょう。仕事を続ける気持ちがあるのか、それともないのか本人へ確認を行い、結果や状況によっては退職手続きをすることとなります。就業意思の確認は、文書にて内容

証明郵便で本人宅に送ります。

就業規則の作成を

　従業員が無断欠勤を続ける、突然行方不明になった、という相談は年々増加しています。このようなことがあった場合に対処するためにも是非就業規則を作成してください。

　たとえば、無断欠勤が続いて本人と連絡がとれないとき、事業主によっては、本人が出勤しないので退職したものとみなして退職手続きをしてしまうことがあり、その後、本人が出勤してきて「退職する意思はない。これは解雇だ」とトラブルとなるケースもあります。あらかじめ就業規則に「無断欠勤が継続して2週間をすぎれば退職とする」といった規定を作成しておき、入社時等に説明しておけば、このようなケースにも対処できるでしょう。

就業意思の有無報告のお願い（例）

植田清吉　殿

　あなたは、○○日から、○○日まで○○日間無断欠勤が続いております。会社から貴殿に電話やメールを続けているものの貴殿からの連絡は一切ありません。事故や病気等の心配もあり、○○日に貴殿宅を訪問しましたが貴殿は不在でした。仕方なく、貴殿が無断欠勤を続けている件をご実家に報告いたしましたが、ご実家からもとくに連絡をいただいておりません。

　このような状態が続く中、会社もいつまでも貴殿の欠勤状態を放置しておくことはできません。会社の状況も理解していただき、貴殿が引き続き当社に勤務する意思があるかどうかを是非連絡をいただきたくお願いします。○月○日午後5時までに当社に来ていただくか、文書で回答をお願いします。意思の表示がない場合は、残念ですが勤務継続の意思がないものとして、退職手続きをとりますのでご承知おきください。

住　　　所　　●●県●●市○○町567番地

事業所名　　有限会社菜菜豊

事業主名　　代表取締役　木村義邦　　㊞

就業規則記載例

第○条（退職）

　　従業員が、次の各号のいずれかに該当するに至ったときは退職とし、次の各号に定める事由に応じて、それぞれ定められた日を退職の日とする。

① 　死亡したとき・・死亡した日

② 　定年に達したとき・・定年年齢に達した日の翌日

③ 　休職期間が満了しても復職できないとき・・期間満了の日

④ 　自己の都合により退職を願い出て、会社が承認したとき・・会社が退職日として承認した日

⑤ 　前号の承認がないとき・・退職届を提出して２週間を経過した日

⑥ 　期間を定めて雇用されていた者が、契約期間が満了したとき・・契約期間が満了した日

⑦ 　役員に就任したとき・・就任日の前日

⑧ 　会社に届け出のない欠勤が欠勤開始日から14暦日経過したとき

第○条（退職の手続き）

　　従業員が自己の都合で退職する場合は、少なくとも１か月前には退職願いを提出しなければならない。

２ 　退職する者は、退職する日まで従前の業務に専念するとともに、業務の引き継ぎを完全に行わなければならない。

３ 　退職する者は、自分が利用した電子メールの履歴、パソコンのデータ、業務記録など業務に関連する記録全てを会社の許可なく削除してはならない。また、会社の備品、業務上知りえた情報その他業務に関連する一切の物を持ち出してはならない。

４ 　退職する者は、身分証明書、制服、名刺など、社員としての身分を証明するものや健康保険証や会社から貸与された物品その他会社に属するものを直ちに返還し、会社に債務があるときは退職の日までに精算しなければならない。また、返還のないものについては、相当額を弁済しなければならない。

Q53 定年の年齢を65歳未満で定めることは可能ですか？

A 高年齢者雇用安定法は、現在、企業等に対して65歳までの雇用を義務づけていますが、定年の年齢は、60歳を下回ってはならないとされています。

70歳までの就業確保が努力義務化

少子高齢化の急速な進行により、今後、急激に労働力人口が減少することが見込まれる中、経済の活力を維持していくためには、高年齢者の有効な活用を図ることが重要な課題となっています。また、年金支給年齢の高齢化に伴う無収入を阻止することを目的とした高年齢者雇用安定法により、事業主に対して、①定年の引き上げ②継続雇用制度の導入③定年の定めの廃止のいずれかの措置により、65歳までの安定した雇用の確保が義務づけられていますが、改正高年齢者雇用安定法が令和3年4月から施行され、これまでの「65歳までの雇用確保の義務」に加え、「70歳までの就業確保」が努力義務となります。

●現行

1．定年年齢

　　定年の定めをする場合には、定年年齢は60歳を下回ることはできない（高年齢者雇用安定法第8条）。また、男女で定年年齢に差をつけることも禁止されている（男女雇用機会均等法第6条）。

2．高年齢者雇用確保措置

　　65歳まで働きたい人全員の雇用の義務。具体的には、次の①～③から選択

　①　65歳までの定年引上げ

　②　65歳までの継続雇用制度の導入

　③　定年の廃止

●令和3年4月～

　前記の「現行」の雇用確保措置（65歳までの雇用義務）に加え、下の高年齢者就業確保措置（70歳までの就業確保）が努力義務となった。

＜高年齢者就業確保措置＞

①　70歳までの定年引上げ

②　70歳までの継続雇用制度の導入

③　定年の廃止

④　高年齢者が希望するときは、70歳まで継続的に業務委託契約を締結する制度の導入

⑤　高年齢者が希望するときは、70歳まで継続的に

　　a　事業主が自ら実施する社会貢献事業

　　b　事業主が委託、出資（資金提供）等する団体が行う社会貢献事業

に従事できる制度の導入

高齢者雇用対策の経緯の概要

　令和３年４月からの改正高年齢者雇用安定法の施行は、従前からの65歳までの雇用確保措置の延長にあります。これまでの雇用における高年齢者対策を簡単にまとめると下表のようになります。

年（西暦）	法律制定・改正	定年の引上げ、継続雇用等に関する主な内容
昭和61年 （1986年）	中高年者等雇用促進法改正 （＝高年齢者雇用安定法制定）	・60歳定年の努力義務を規定 ・定年の引き上げに関する行政指導を規定
平成６年 （1994年）	高年齢者雇用安定法改正	・60歳定年の義務を規定（平成10年４月１日施行）
平成12年 （2000年）	高年齢者雇用安定法改正	・定年（65歳未満の場合）の引上げ、継続雇用制度の導入等高年齢者の65歳までの安定した雇用の確保を図るために必要な措置（高年齢者雇用確保措置）の努力義務の規定
平成13年 （2001年）	雇用対策法改正	・求人募集の際の年齢制限禁止を規定（求人・採用時の年齢制限撤廃の努力規定）
平成16年 （2004年）	高年齢者雇用安定法改正	・65歳までの定年の引上げ、継続雇用制度の導入等、希望者全員の65歳までの雇用の義務化（努力義務から義務へ） ・労使協定により継続雇用制度の対象となる労働者に係る基準を定めたときは、希望者全員を対象としない制度も可能（平成18年４月１日施行）
平成24年 （2012年）	高年齢者雇用安定法改正	・継続雇用制度の対象となる高年齢者につき事業主が労使協定により定める基準により限定できる仕組みを廃止（平成25年４月１日施行）

令和 3 年 (2021年)	高年齢者雇用安定法改正	・70歳までの就業の努力義務（①70歳までの定年引上げ、②70歳までの継続雇用制度の導入、③定年の廃止、④高年齢者が希望するときは、70歳まで継続的に業務委託契約を締結する制度の導入、⑤高年齢者が希望するときは、70歳まで継続的に下のaまたはbに従事できる制度の導入 a　事業主が自ら実施する社会貢献事業 b　事業主が委託、出資（資金提供）等する団体が行う社会貢献事業

第8章　災害補償・安全衛生

Q54 労働者が業務中に負傷した場合に、使用者はどのような責務を負いますか？

A 使用者は、労働者が業務上負傷し、又は疾病にかかった場合には、療養補償として必要な療養を行い、又は療養の費用を負担する義務を負っています。（労働基準法第75条）

① また、療養のために、労働することができず賃金を受けない労働者に対しては、平均賃金の100分の60の休業補償を行う義務を負っています。（労働基準法第76条）

② 傷病が治っても障害が存するときは、程度に応じて、平均賃金に法律で定められた日数を乗じて得た金額の障害補償を行う義務を負っています。（労働基準法第77条）

③ 労働者が業務上死亡した場合には、遺族に対して、平均賃金の1,000日分の遺族補償を行い（労働基準法第79条）、葬祭を行う者に対して、平均賃金の60日分の葬祭料を支払う義務も負っています（労働基準法第80条）。

④ 使用者は、労働者の業務上の傷病が療養開始後３年経っても傷病が治らない場合、平均賃金の1,200日分の一時金の補償をもってその他の補償を打ち切ることができます。（労働基準法第81条）

＜労働基準法と労災保険＞

　上でみたように、労働基準法では、労働者を災害から守るためにこれらの規定を設け、労働者や家族に一定の補償を行うよう義務付けていますが、法律でこれらの規定を義務付けても事業主が無資力のため補償されないことも考えられます。そのため、国が労働者に対し、直接災害補

償する制度が必要となり誕生したのが労災保険です。

＜労働基準法の災害補償義務と労働者災害補償保険（労災保険）の関係＞

使用者は、労働者が業務上負傷し、または疾病にかかった場合には、必要な療養を行う等の災害補償義務を負っている。(労働基準法 第75～81条)

使用者　　　　　　　　　　　　　　　　　　　　　　　　　　労働者

しかし、労働者が労災保険法に基づいて補償を受けられる場合には、使用者は災害補償義務を免れることになる。(労働基準法 第84条)

労 災 保 険 に 加 入
（保険料納付）

業務上の災害等に
関し保険給付

使用者　　　　　　　　　　　　国　　　　　　　　　　　　労働者

暫定任意適用事業は要注意！

　農業のうち個人経営で従業員が5人未満の場合は、「暫定任意適用事業」といい、労災保険が任意加入となっています（Q73参照）。そしてこの事業所が任意加入の申請をしていないために労災保険の適用事業所として認可を受けていないときは、その事業所で働く労働者は労災保険による補償が受けられないことになります。

　したがって、これらの事業所で働く労働者が万一業務上の災害で傷病を被ったときは、労働基準法による災害補償により、事業主が補償責任を果たすことになります。

労働基準法の災害補償義務とリンクする労災保険の給付

労働基準法で定める災害補償		労災保険法による給付	
補償名	内　　容	給付名	内　　容
療養補償	必要な療養を行い、又は療養の費用を負担する	療養補償給付	必要な療養を行い、又は療養の費用を負担する
休業補償	休業初日より１日につき平均賃金の60％	休業補償給付	休業４日目から休業１日につき給付基礎日額の60％
		傷病補償年金	療養開始後１年６か月経過しても治らずにその傷病が重い場合、給付基礎日額の313日（１級）〜245日分（３級）の年金
障害補償	傷病が治ゆしたときに、障害等級の程度に応じて、平均賃金に下の表に定める日数を乗じた金額 表（級・一時金） 1　1,340日分　8　450日分 2　1,190日分　9　350日分 3　1,050日分　10　270日分 4　920日分　11　200日分 5　790日分　12　140日分 6　670日分　13　90日分 7　560日分　14　50日分	障害補償給付	傷病が治ゆしたときに、障害等級の区分により下の額が支給される 表（級・年金・級・一時金） 1　313日分　8　503日分 2　277日分　9　391日分 3　245日分　10　302日分 4　213日分　11　223日分 5　184日分　12　156日分 6　156日分　13　101日分 7　131日分　14　56日分
		介護補償給付	要介護状態になって、介護を受ける費用を支出した場合に支給する
遺族補償	平均賃金の、1,000日分の一時金	遺族補償年金	遺族数に応じ給付基礎日額の245日分〜153日分
		遺族補償一時金	遺族補償年金受給資格者がいない場合、その他の遺族に対し給付基礎日額の1,000日分の一時金
葬祭料	平均賃金の60日分	葬祭料	315,000円＋給付基礎日額の30日分又は給付基礎日額の60日分
打切補償	療養開始後３年経っても傷病が治らない場合、平均賃金の、1,200日分の一時金の補償をもってその他の補償を打ち切ることができる		療養開始後３年経過した日に傷病補償年金を受けている場合、又は３年経過した日後に傷病補償年金を受けることになった場合、使用者は打切補償を支払ったものとみなされる（労災保険法第19条）

未経験者を雇用することになったので、安全対策が必要だと思っているのですが、具体的には何をすればよいのでしょうか？

新たに従業員を雇用したときは、安全衛生教育を実施してください。特に従業員に使用させる機械設備、安全装置又は保護具の使用方法等が確実に理解されるよう留意することが重要です。

　労働安全衛生法第59条では労働者を雇い入れたときや作業内容を変更したときに、従事する業務に関する教育を行うことを義務付けています。雇入れ時の教育の内容は、労働安全衛生規則第35条で次頁の表のように定められています。
　また、従業員に危険（最大荷重１トン未満のフォークリフトの運転等）又は有害（酸素欠乏危険場所における作業等）な業務に従事させる場合にも、安全衛生教育を実施し、必要事項を守るよう指導を徹底してください。

採用時に行う安全衛生教育

教育の内容	実施する上での注意
機械・原材料等の危険性又は有害性及びこれらの取扱い方法に関すること	・どんな機械や有害物があるか、職場ごとに示す。 ・使用する機械や有害物による災害事例、作業標準などを教育用資料として使用する。
安全装置、有害物抑制装置又は保護具の性能及びこれらの取扱い方法に関すること	・安全装置を使用することが法令で義務づけられているもの、安全装置を使用しなければ危険であるものを教える。 ・職場では、どんな安全装置や有害物抑制装置を使用しなければならないかを手始めに、その性能と取扱方法を現物に即して教育する。 ・職場で必要となる保護具の種類を明示し、特性や取扱方法を十分説明したうえで、現物を使って実際に保護具を使用する実習反復して行う。
作業手順に関すること	・現場の実作業のうち、職種や職場に関係なく、すべての作業者にとって必要となる基本的、共通的な作業を選び、作業手順の具体例を教示する。 ・作業手順の定め方を理解してもらうため、職場で実際に行われている基本的な作業を例に、作業手順書を使って作業手順を組み立てる演習を行う。
作業開始時の点検に関すること	・作業開始前点検を行うべきものを職場ごとに説明したうえで、共通的なもの（日常点検事項や共通的な機械など）について、実際に点検してみる実習を行う。
当該業務に関して発生するおそれのある疾病の原因及び予防に関すること	・職場には、どのような有害業務があるか、その業務を行うにあたって、どのような疾病の発生に注意しなければならないか、十分に説明する。
整理、整頓及び清潔の保持に関すること	・４Ｓ（整理、整頓、清掃、清潔）のチェックリストを使って、職場を点検する実習を行う。
事故時等における応急措置及び退避に関すること	・応急措置の方法については、事前に十分な説明をするとともに、止血法や人工呼吸法などは、材料を用意して、全員が体得するまで念入りに実習する。 ・退避場所や退避経路を覚えさせるとともに、退避経路を常に整理整頓しておくよう指導する。
その他、当該業務に関する安全又は衛生のために必要な事項	・偏食、過労、睡眠不足などは健康を害する原因になる。規則正しい生活を送ることや毎日の自己の健康管理の重要性を教える。

個人事業で従業員（正社員）も１人しか雇用していませんが、健康診断の実施は事業主の義務ですか？

 定期健康診断は、労働者を使用する事業者すべてが行う義務があります。（安全衛生法第66条、労働安全衛生規則第44条）

　使用者は、常時使用する従業員に対して健康診断を実施する義務を負っています。これは、従業員の数や経営の規模を問いません。また、常時使用する従業員には、原則として週30時間以上就労する期間の定めのないパートタイマー（雇用期間が定められている場合は引き続き１年以上働いているか、その見込みがある場合）も含まれます。

定期健康診断

　健康診断の回数は、原則として年１回ですが、深夜勤務等に常時従事する労働者を使用するときは、年２回となります。なお、個人ごとに健康診断個人票を作成し、これを５年間保存しなければなりません。また、50人以上の労働者を使用する事業者は、定期健康診断結果報告書を所轄労働基準監督署に提出しなければなりません。

　定期健康診断項目は次表のとおりですが、厚生労働大臣が定める基準に基づき、医師が必要でないと認めるときは、次表の右欄の項目を省略することができます。

定期健康診断の内容

定 期 健 康 診 断 項 目	省 略 項 目
既往歴、業務歴の調査	
自覚症状及び他覚症状の有無の検査	
身長 体重 視力及び聴力 腹囲の検査	身長・・・20歳以上の者 聴力・・・（35歳及び40歳の者を除く）45歳未満の者は、医師が適当と認める聴力検査に代えることができる。 腹囲・・・40歳未満のもの、妊婦、BMI が20未満のものなどは医師の判断で省略可能
胸部エックス線検査、喀痰検査	喀痰検査・・・胸部エックス線検査で異常のない者
血圧の測定	
貧血検査	（35歳の者を除く）40歳未満の者
肝機能検査	
血中脂質検査	
血糖検査	
心電図検査	
尿検査	尿中の糖の有無の検査・・・血糖検査を受けた者

雇入れ時の健康診断

　雇入れ時の健康診断は、常時使用する従業員を採用した際の健康状態の把握、適正配置、採用後の健康管理に役立てるためのものです。したがって雇入れ時の直前か、直後には健康診断を行わなければなりません。（安全衛生法第66条、労働安全衛生規則第43条）

　常時使用する従業員とは、身分、名称に関係なく、また原則として週30時間以上就労する期間の定めのないパートタイマー（雇用期間が定められている場合は引き続き１年以上働いているか、その見込みがある場合）も含まれます。

　健康診断項目は次のとおりですが、省略項目はありません。

①既往歴及び業務歴の調査、②自覚症状および他覚症状の有無の検査、③身長、体重、視力および聴力の検査、④胸部エックス線検査、⑤血圧

の検査、⑥貧血検査、⑦肝機能検査、⑧血中脂質検査、⑨血糖検査、⑩心電図検査、⑪尿検査

　上記の項目について、3か月以内に健康診断を受けていて、その証明書を提出した場合には、その項目については省略してもよいこととされています。

●●● ワンポイント ●●●

パートタイマーの健康診断

　パートタイマーの健康診断については、「短時間労働者の雇用管理の改善等に関する法律」（パート労働法）とこれに基づいた指針「事業主が講ずべき短時間労働者の雇用管理の改善のための措置に関する指針」によって次のように明記されています。

　事業主がパート労働法の一般健康診断を行うべき常時使用する短時間労働者とは、次の①および②の双方の要件を満たす者であること。

① 　期間の定めのない労働契約により使用される者（期間の定めのある労働契約により使用される者であって、当該契約の更新により1年以上使用されることが予告されている者および当該労働契約の更新により1年以上引続き使用されている者を含む。）であること。

② 　その者の1週間の労働時間数が、当該事業場において同種の業務に従事する通常の労働者の1週間の所定労働時間数の4分の3以上であること。

　なお、1週間の労働時間数が当該事業場において同種の業務に従事する通常の労働者の1週間の所定労働時間数の4分の3未満である短時間労働者であっても上記①の要件に該当し、1週間の労働時間数が当該事業場において同種の業務に従事する通常の労働者の1週間の所定労働時間のおおむね2分の1以上である者に対しても一般健康診断を実施することが望ましいこと。

労働安全衛生法第66条第 1 項（健康診断）

（健康診断）

　事業者は、労働者に対し、厚生労働省令で定めるところにより、医師による健康診断を行わなければならない。

健康診断にかかる時間は、労働時間扱いにしなければ
いけませんか？

 健康診断は、所定労働時間に行われることを原則とし、その時
間は、労働時間扱いすることが望ましいとされています。

　事業主は、労働者の健康を確保するため、一定の健康診断を行わなけ
ればならない義務を法律上負っています。（事業主の責務とされている
健康診断は、①雇入れ時の健康診断、②定期健康診断、③特殊健康診断、
④結核健康診断、⑤じん肺法によるじん肺健康診断です。）

　また、労働者にも自己の健康を保持すべき健康診断の受診義務があり
ます。すなわち、健康診断は使用者と労働者の両者各々の責務とされる
ので、所定労働時間中の場合はそのまま労働時間となり、所定労働時間
外の場合には労働時間にならないという折半的な性質を有していると考
えられています。

　ただし、特殊健診は、使用者の人事配置によって特殊な有害業務に従
事するものが対象なので「所定労働時間内に行われるのを原則とするこ
と。また、特殊健康診断の実施に要する時間は労働時間と解されるので、
当該健康診断が時間外に行われた場合には、当然割増賃金を支払わなけ
ればならないものであること」（昭47.9.18基発602号）と解されています。

　農業は割増賃金とする法的義務はありませんが、特殊健診が時間外に
行われた場合は、残業代を支払わなければならないと理解して下さい。

健康診断の費用は誰が負担するのか

　安全衛生法第66条は、事業者に対し労働者の健康診断を義務付けていますが、この費用について、誰が負担するかについては定めておりません。しかし、これについては、法施行にあたって、労働省（現厚生労働省）労働基準局長の施行通達（昭和47年.9.18基発602号）が出ており、この通達で「健康診断の費用については、法で事業者に健康診断の実施の義務を課している以上、当然、事業者が負担すべきものである」とされています。

従業員が50人を超えました。安全衛生対策として何を
しなければいけませんか？

 衛生管理者の選任、衛生委員会の開催、産業医の選任がありま
す。

1．衛生管理者の選任（安全衛生法第12条）と選任報告の届出（安全衛生法第100条）

　労働安全衛生法では、労働者数50人以上の事業場に、労働衛生の技術的事項を管理する者として、衛生管理者の選任を義務付けています。

　衛生管理者は、①医師、②歯科医師、③労働衛生コンサルタント、④衛生工学衛生管理者免許保持者、⑤第一種衛生管理者免許保持者、⑥第二種衛生管理者免許保持者、の資格を有する者から選任します。

　衛生管理者の職務は、①健康に異常のある者の発見・処置、②作業環境の衛生上の調査、③作業条件、施設などの衛生上の改善、④衛生用保護具、救急用具などの点検・整備、⑤衛生教育、健康相談その他労働者の健康保持に必要な事項、⑥労働者の負傷・疾病、それによる死亡、欠勤・移動に関する統計の作成などです。

2．産業医の選任（安全衛生法第13条）と選任報告の届出（安全衛生法第100条）

　労働安全衛生法では、労働者数50人以上の事業場に、産業医を選任するよう義務付けています。産業医の職務は、①健康診断の実施およびその結果にもとづく労働者の健康の保持、②作業環境の維持管理、③作業の管理、④健康教育、健康相談その他労働者の健康の保持増進、⑤衛生教育、⑥労働者の健康障害の原因の調査および再発防止、⑦衛生管理者に対する指導助言、⑧事業者または総括安全衛生管理者に対する勧告、⑨衛生委員会の構成員としての活動、⑩毎月1回の作業場の巡視などです。

３．衛生委員会（安全衛生法第18条）

　労働安全衛生法で、労働者数50人以上の事業場に設置を義務付けていて、事業場における労働者の健康障害を防止し、健康の保持増進を図るための基本となる対策などに関し審議し、事業者に対し意見を述べ、労働者の意見を反映させるために置かれる機関です。

　衛生委員会での調査審議事項は、①労働者の健康障害防止および健康の保持増進をはかるための基本的対策、②労働災害の原因および再発防止対策、③その他、衛生に関する規定の作成、衛生教育の実施計画の作成、化学物質の有害性、作業環境測定、健康診断結果に対する対策の樹立などです。

４．衛生推進者（安全衛生法第12条の２）

　労働安全衛生法では、労働者数10人以上50人未満の事業場に、労働衛生の技術的事項を管理する者として、衛生推進者の選任を義務付けています。

　衛生推進者は、次の資格を有する者から選任します。①大学又は高等専門学校を卒業した者で衛生の実務経験１年以上、②高等学校又は中等教育学校を卒業した者で実務経験３年以上、③５年以上の実務経験者、④厚生労働省労働基準局長の定める講習を修了した者、⑤労働安全コンサルタント、労働衛生コンサルタント　等

　衛生管理者の職務は、衛生管理者の職務と同じです。

一定規模の事業所が義務付けられている安全衛生対策

	選任・設置規模	業務	構成	行政への届出	資格
衛生管理者	常時50人以上	衛生に係る技術的事項	1人以上	選任後、労基署長へ遅滞なく報告	免許取得者
産業医	常時50人以上	医学の専門的知識	1人以上	選任後、労基署長へ遅滞なく報告	医師（厚生労働省で定める要件あり）
衛生委員会	常時50人以上	健康保持増進、労災防止対策他	産業医、労働者代表の推薦が必要な委員あり	労基署長への報告不要	
衛生推進者	常時10人以上50人未満	衛生に係る技術的事項	1人以上	労基署長への報告不要	学歴、実務

健康診断の結果、病気が心配される従業員がいました。専門家に診断結果を見てもらいたいのですが、どこに相談に行けばいいですか？従業員 6 人の法人です。

 地域産業保健センターを利用してください。

　事業者は、労働安全衛生法で、1 年以内に 1 回以上の割合で、定期的に健康診断を実施する義務を負っており（第66条第 1 項）、その結果を従業員に通知する義務も負っています。この通知を怠り従業員の病状が悪化した場合、安全配慮義務違反を問われる可能性があり、また、健康診断の結果から必要な措置を講じるべきところ、それを怠ったり、さらには過重な仕事に就かせたりしたために病状が悪化したりといった場合には、安全配慮義務違反が問われる可能性があります。

憎悪防止措置と安全配慮義務

　労働安全衛生法では、健康診断の結果、異常が認められた従業員について、医師の意見を聴かなければならないとし、必要があると認められるときは、当該労働者の実情を考慮して、就業場所の変更、作業の転換、労働時間の短縮、深夜業の回数の減少等の措置を講じなくてはならないとしています。これは「憎悪防止措置」ともいわれ、産業医等の意見を尊重せず、必要な措置を講じなかった場合は、安全配慮義務違反を問われる可能性があります。

地域産業保健センターの利用を

　産業医の設置が義務付けられていない労働者数50人未満の小規模事業者向けに独立行政法人労働者健康安全機構によって、産業保健総合支援センター地域窓口（地域産業保健センター）が用意されており、労働者数50人未満の小規模事業者やそこで働く方を対象として、労働安全衛生法で定められた保健指導などのサービスが無料で提供されています。

ワンポイント

雇入れ時の健康診断で異常が発見されたら

　当該疾病が業務を遂行するうえで差し支える程度のものであれば、解雇もやむを得ない場合もあると考えられます。このようなことを防ぐ手段に、①選考時に履歴書等といっしょに健康診断書を提出させる、②最終選考時点で事業所が直接健康診断を行うという方法があります。

職場におけるパワーハラスメントやセクシャルハラスメントとは、具体的にどのようなことをいうのでしょうか？

職場におけるパワーハラスメントは、職場において行われる、①優越的な関係を背景とした言動であって、②業務上必要かつ相当な範囲を超えたものにより、③労働者の就業環境が害されるものであり、①から③までの3つの要素を全て満たすものをいいます。また、セクシュアルハラスメントとは、職場において行われる労働者の意に反する「性的な言動」により、労働者が労働条件について不利益を受けたり、就業環境が害されることをいいます。

　パワーハラスメント行為やセクシュアルハラスメント行為等の職場におけるハラスメント行為は、職員の人格を不当に傷つける等の許されない行為であるばかりでなく、職場秩序の乱れや業務への支障、モチベーションの低下、貴重な人材の損失、労災申請や損害賠償請求など、さまざまリスクが生じることが考えられ、企業の社会的評価にも悪影響を与えかねない大きな問題です。

　2019年に「労働施策総合推進法」が改正され、職場におけるパワーハラスメント防止対策が事業主に義務付けられ（施行は2020年6月1日、ただし、中小事業主は2022年4月1日から義務化で、それまでの間は努力義務でした）、併せて、男女雇用機会均等法及び育児・介護休業法においても、セクシュアルハラスメントや妊娠・出産・育児休業等に関するハラスメントに係る規定が一部改正され、職場でのハラスメント防止対策の措置に加えて、相談したこと等を理由とする不利益取扱いの禁止や事業主及び労働者等の責務が明確化されるなど、防止対策の強化が図られました。

職場におけるパワーハラスメントとは
　職場におけるパワーハラスメントは、職場において行われる、①優越

的な関係を背景とした言動であって、②業務上必要かつ相当な範囲を超えたものにより、③労働者の就業環境が害されるものであり、①から③までの３つの要素を全て満たすものをいいます。なお、客観的にみて、「業務上必要かつ相当な範囲」で行われる適正な業務指示や指導については、職場におけるパワーハラスメントには該当しません。

　パワーハラスメントに当たりうる行為類型として、下の①〜⑥が挙げられています。

①身体的な攻撃	暴行・傷害
②精神的な攻撃	脅迫・名誉毀損・侮辱・ひどい暴言
③人間関係からの切り離し	隔離・仲間外し・無視
④過大な要求	業務上明らかに不要なことや遂行不可能なことの強制、仕事の妨害
⑤過小な要求	業務上の合理性がなく、能力や経験とかけ離れた程度の低い仕事を命じることや仕事を与えないこと
⑥個の侵害	私的なことに過度に立ち入ること

パワーハラスメントについて事業主が講ずべき措置

　事業主が講ずべき措置等の具体的内容は、①事業主における職場のパワーハラスメントがあってはならない旨の方針の明確化や、当該行為が確認された場合には厳正に対処する旨の方針及びその対処の内容についての就業規則等への規定、それらの周知・啓発等の実施、②相談等に適切に対応するために必要な体制の整備（本人が萎縮するなどして相談を躊躇する例もあることに留意すべき）③事後の迅速・適切な対応（相談者等からの丁寧な事実確認等）、④相談者・行為者等のプライバシーの保護等併せて講ずべき措置です。

職場におけるセクシュアルハラスメントと事業主が講ずべき対策

　職場におけるセクシュアルハラスメントは、職場において、労働者の意に反する性的な言動が行われ、①それを拒否したことで解雇、降格、減給などの不利益を受けること、②職場の環境が不快なものとなったた

め、労働者が就業する上で見過ごすことができない程度の支障が生じることをいいます。

　セクシュアルハラスメントについては、男女雇用機会均等法において、事業主には次のことが義務付けられています。

①事業主の方針の明確化及びその周知・啓発	セクハラの内容、「セクハラが起きてはならない」旨を就業規則等の規定や文書等に記載して周知啓発する
②相談（苦情を含む）に応じ、適切に対応するために必要な体制の整備	セクハラの被害を受けた者や目撃した者などが相談しやすい相談窓口（相談担当者）を社内に設ける
③職場におけるセクシュアルハラスメントに係る事後の迅速かつ適切な対応など	セクハラの相談があったとき、すみやかに事実確認し、被害者への配慮、行為者への処分等の措置を行い、改めて職場全体に対して再発防止のための措置を行う

第9章　福利厚生・退職金制度

Q61　福利厚生というのはどのようなことをするのでしょうか？

A　福利厚生は一般的に法定福利と法定外福利の2つに大別されます。法定福利とは広く社会保障と呼ばれるものが対象で、法定外福利とは、経営者が任意に運営する福利厚生施策をいいます。

　福利厚生は、企業の各種制度の中では補完的に考えられていましたが、個人の価値感の多様化によりその果たす役割が大きくなっており、とくに従業員の定着化や勤務意欲を図ったり、自社に対する帰属意識を高めるためには欠くことのできないものです。

　福利厚生は一般的に法定福利と法定外福利の2つに大別されます。法定福利とは広く社会保障と呼ばれるものが対象で、具体的には、労働保険（労災保険及び雇用保険）と社会保険（健康保険及び厚生年金保険等）があります。一方、法定外福利とは、経営者が任意に運営する福利厚生施策をいいます。

法定外福利

　法定外福利は会社独自の福利厚生施策で、従来からの伝統や社員のニーズに基づき制度化されています。一般的には経営者と従業員双方が負担し合うもの、経営者のみが負担するものがあります。企業側が負担したものは福利厚生費として税務上は損金処理となります。ここでは、一般的な福利厚生制度をあげてみます。

健康のため

・定期健康診断

・成人病検診（人間ドック）など

暮らしの応援として
・社宅制度
・財形貯蓄制度
・保険料補助制度
・資格取得援助

万一の事態に備えて
・慶弔見舞金
・私的保険（グループ保険）への加入

余暇の充実のために
・諸行事の開催・・・ソフトボール大会、社内旅行、各クラブの補助
・保養所などとの契約

退職する者に対しては、必ず退職金を支払わなければ
いけませんか？

 退職金の支給は、労働基準法等の法律で義務付けられていませ
んので、支給する、しないは経営者の自由です。

　国が法人化を推進していることが大きく影響し、「法人化すると退職
金制度は必要ですか」という質問は多く、正社員が長年勤めてくれた場
合は退職金を払うのは当然だと考えている人も多いのですが、退職金制
度を用意していない農業法人は少なくなく、また、他産業を含めた全体
的な傾向としても退職金制度をもたない企業は増加傾向にあります。

　しかし、初めから長期間勤めるつもりのない従業員は別として、一般
的には退職金は、やはり従業員にとって魅力があることに違いありませ
ん。ただし、退職金制度は、一度導入すると「労働者との契約事項」と
なりますので、後になって簡単に「やっぱりやめた」というわけにはい
かないので、導入の際はよく検討する必要があります。

約３割の農業法人が導入している

　農業法人では、実際にどのくらい退職金制度を導入しているかという
と、過去の農業法人に対するアンケートの調査結果から見ると、退職金
制度を用意している農業法人は３割程度と思われます。

退職金の水準は

　農業の退職金の水準については資料もなく、正直なところ何とも言え
ないというのが実情です。たとえば、東京都の調査（2016年）によると、
中小企業の高校卒モデル退職金の額は、28歳（勤続10年）時で約90万円、
38歳（勤続20年）時で約300万円、48歳（勤続30年）時で約620万円、60
歳定年時で約1,080万円となっています。これは、大企業（資本金５億円
以上・従業員1000人以上）の７割の水準といわれています。

　農業法人においても大企業なみの額を支給する例もありますが、農業

法人の多くが中小企業退職金共済制度（以下「中退共」）を利用しているので、中退共に加入されているケースから大まかな予想は可能です。中退共の平均的な掛金は1万円（月額）であり、この場合に勤続40年で約600万円近くの額となりますので、大体この程度かと想像できます。

◆◆◆　ワンポイント　◆◆◆

退職金制度をつくる場合に注意すること

●月例賃金（基本給）、賃上げとの分離

　退職金制度を新たに設計する場合は、月例賃金（基本給）と連動した仕組みは避けるようにします。賃金と分離すれば、賃上げとも切り離されるので、自動的に退職金が増えるのを防ぐことができます。また、退職金の増加を抑える目的で、無理に諸手当を厚くして賃金体系を歪めることもなく、年俸制にも対応できます。

●能力要素と業績要素の重視

　従来の退職金制度は、いわば年功賃金の最たるものでした。これからの退職金制度は、業績要素をより重視し、功労報奨機能を強化する傾向にあります。

●ポイント制退職金

　ポイント制とは、勤続年数や職能資格等に対応して定められた「ポイント」を基に退職金額（一時金）を算定する制度です。従業員は退職時にこれまで付与された「ポイント」の累計に、「ポイント単価」を乗じた額を受け取ることができます。ポイント制では、退職金に反映させる要素を会社が任意に設定できることから、能力要素、業績要素を重視した会社の多くが導入しています。

中小企業退職金共済制度は、どのような制度ですか？

 中小企業退職金共済制度（以下「中退共」）は、中小企業者向けに国が援助する退職金制度です。

　退職一時金の場合、45％の中小企業が中退共を利用しているというデータがあります。退職金は、長期的な準備・運用が必要になりますが、中退共は管理が容易であり、その点は大きなメリットといえます。その他にも中退共には、下に挙げる様々なメリットがあります。デメリットについては、①掛け金が最低5,000円からで減額することは困難　②１年未満で退職すると退職金は支給されない―などがあげられますが、従業員の長期定着を考慮すれば、大きなデメリットともいえないでしょう。

「中退共」の主な特徴
１．掛金の助成がある
　　新しく中退共に加入する事業主に掛金の１/２（上限5,000円）を１年間、国が助成します。また、掛金月額（18,000円以下）を増額する事業主に増額分の１/３を１年間、国が助成します。

２．税法上の特典がある
　　中退共の掛金は、法人企業の場合は損金として、個人企業の場合は必要経費として、全額非課税となります。

３．毎月の掛金は口座振替で保全措置の心配も不要
　　加入後も面倒な手続きや事務処理がなく、管理が簡単です。また、掛金は口座振替で納付できるので手間もかかりません。また、本制度に加入している事業主は「賃金の支払の確保等に関する法律」に基づく「退職手当の保全措置」をとる必要はありません。

４．退職金は直接従業員へ振り込まれる

　　退職金は直接、退職する従業員の預金口座に振り込まれます。一時払いのほか、本人の希望により全部または一部を分割して受け取ることもできます。

５．掛金の選択ができる

　　毎月の掛金月額は下記の16種類から選択できます。

5,000円	6,000円	7,000円	8,000円
9,000円	10,000円	12,000円	14,000円
16,000円	18,000円	20,000円	22,000円
24,000円	26,000円	28,000円	30,000円

６．短時間労働者も加入できる

　　短時間労働者は、上記16種類の掛金月額の他に次の掛金月額でも加入できます。この場合には、加入申込みの際に、短時間労働者であることの証明書が必要です。

2,000円	3,000円	4,000円

※１・・掛金は全額事業主が負担し、従業員に負担させることはできません。

※２・・新しく制度に加入する事業主に掛金の１/２（上限5,000円）を加入後４か月目から１年間、国が助成します。

問い合わせ先

　中小企業退職金共済事業本部

　〒170-8055　東京都豊島区東池袋１丁目24番１号ニッセイ池袋ビル

　TEL（03）6907-1234

小規模企業共済制度

　常時使用する従業員が20人（商業とサービス業では５人）以下の小規模企業の個人企業主や会社などの役員を対象に国がつくった「事業主のための退職金制度」といえるものです。

加入資格

・常時使用する従業員が20人以下の農業を営む個人事業主

・常時使用する従業員が20人以下の農業を営む会社の役員

掛　　金

　毎月の掛金は1,000円から70,000円までの範囲内（500円単位）で自由に選べます。

　加入後、増・減額ができ、前払いもできます。掛金を収めるのが困難な場合は、掛け止めもできます。

共済事由（共済金が受け取れる場合）

・個人事業をやめたとき（死亡を含む）

・会社や企業組合・協同組合の役員がその法人の解散によりやめたとき

・役員が疾病・負傷により役員をやめたとき（死亡を含む）

・65歳以上で15年以上掛金を払っている共済契約者から請求があったとき（老齢給付）

　　　等

問い合わせ先

　中小企業基盤整備機構本部

　〒105-8453　東京都港区虎の門３-５-１（虎ノ門37森ビル）

　TEL（03）3433-8811

第10章　外国人材・研修生・ボランティア・その他

Q64　外国人技能実習制度とはどのような制度ですか？
労働者を雇用したいと思っているのですが、募集をしてもなかなかいい人が来ないとも聞いているので、外国人技能実習生の受入れも検討したいと考えています。この制度の内容と制度を活用する上での留意点を教えてください。

A　外国人技能実習制度は、我が国が先進国として、開発途上国等の青壮年労働者を日本の産業界に「技能実習生」として受け入れ、一定期間在留する間に実習実施機関において技術・技能、知識を実践的かつ実務的に習熟させる機会を提供することで、諸外国等への技術・技能の移転と経済発展を担う「人づくり」に協力することを目的とする制度です。

　本制度は、平成２年より研修制度が、平成５年より技能実習制度が創設されましたが、農業分野においては、「労務管理が困難」という理由で他業種より遅れ、平成12年４月より外国人研修生の技能実習への移行が可能となりました。
　現在、日本の産業の様々な分野で外国人が活躍していますが、就労できる在留資格は、原則として専門的な知識や経験が必要な分野に限られています。したがって、それ以外の分野の多くで、外国人技能実習制度の目的に反し、技能実習生を労働力として活用しているのが現状です。農業分野においても、我が国の農業労働力の高齢化が進展するなか、雇用労働力の確保が難しい地域等では、技能実習生が労働力として期待され、また、活用されているという実態があります。

1．技能実習制度の概要

(1)　技能実習生の入国要件（新制度）

　　技能実習生の入国要件（農業の場合）は、次の①から⑦のいずれにも該当する者です。

　（責務）技能実習に専念し、技能等の移転に努めなければならない。

①18歳以上であること。

②制度の趣旨を理解して技能実習を行おうとする者であること。

③修得した技能等を帰国後活用し、本国で農業に従事する予定があること。

④本国において農業に従事した経験を有すること、又は日本で実習する特別な事情があること。

⑤本国の国・地方公共団体等からの推薦を受けていること。

⑥第3号移行には、第2号修了後に1か月以上帰国していること。

⑦同じ段階の技能実習を過去に行っていないこと。

---

(2)　監理団体

　　農業法人や農家が本制度を活用する場合、一般的に「団体監理型受入れ」で外国人を受け入れることになり、具体的には、技能実習生をJA、商工会、中小企業団体、事業協同組合などの「監理団体」を通して受け入れることになります。通常、実習実施機関（農業法人や農家）は、この監理団体に管理費を支払い、監理団体は、その責任と監理の下で技能実習生を受け入れ、技能実習の全期間を通して、技能実習を実施する各実習実施機関において技能実習が適正に実施されているか確認し指導します。

(3)　実習期間と職種・作業

　　技能実習1号は1年以内、技能実習2号は最長2年以内で、通算して実習期間は最長で3年です。（技能実習1号から2号への移行には、技能評価試験に合格すること等の要件をクリアすることが必要です。）技能実習2号対象職種・作業は、耕種農業については、施設園芸、畑作・野菜、果樹、畜産農業については、養豚、養鶏（採鶏卵）、酪農の2職種6作業です。

２．技能実習法の成立

　技能実習法が、平成28年11月28日に公布されました（施行：平成29年11月１日）。技能実習法は、技能実習に関し、技能実習計画の認定及び監理団体の許可の制度を設け、これらに関する事務を行う外国人技能実習機構を設けること等により、技能実習の適正な実施及び技能実習生の保護を図るものです。

(1)　技能実習計画

・技能実習を行わせようとする方は、技能実習生ごとに、技能実習計画を作成し、その技能実習計画が適当である旨の認定を受けることになりました。

・認定は、新設される外国人技能実習機構が担います。

実習実施者	外国人技能実習機構	技能実習生 （監理団体が代理）	法務大臣 （地方入管局）	技能実習生の受入れ
技能実習計画の作成・認定申請	計画の内容や受入体制の適正性等を審査 技能実習計画の認定	在留資格認定証明書の交付申請等	在留資格認定証明書の交付等	

(2)　監理団体の許可

・監理事業を行おうとする方は、事前に許可を受けることになりました。

・許可の事務は、新設される外国人技能実習機構が担います。

監理団体	外国人技能実習機構	法務大臣・厚生労働大臣	技能実習計画の認定手続へ
監理団体の許可申請	監理団体の体制等を調査	監理団体の許可	

(3)　技能実習制度の拡充

・新たに技能実習３号を創設し、所定の技能評価試験の実技試験に合格
　した技能実習生について、技能実習の最長期間が、現行の３年間から
　５年間になります。（一旦帰国（原則１か月以上）後、最大２年間の技
　能実習）

・適正な技能実習が実施できる範囲で、実習実施者の常勤の職員数に応
　じた技能実習生の人数枠について、現行の２倍程度まで増加を認めま
　す。

(4)　技能実習生の保護等

・技能実習生に対する人権侵害行為等について、禁止規定や罰則を設け
　るほか、技能実習生による申告を可能にします。

・国による技能実習生に対する相談・情報提供体制を強化するとともに、
　実習実施者・監理団体による技能実習生の転籍の連絡調整等の措置を
　講じます。

(5)　外国人技能実習機構の創設

・「技能実習制度の司令塔」として新たな認可法人が設立されました。

・外国人技能実習機構は、以下の国の事務を担います。

　　①技能実習計画の認定　②実習実施者の届出の受理　③実習実施
　者・監理団体に報告を求め、実地に検査する事務　④監理団体の許可
　に関する調査 など

・そのほか、技能実習生からの相談への対応・援助や、技能実習に関す
　る調査研究業務も行います。

3．技能実習生を受け入れる際の留意点

　外国人も日本国内で就労する限り、原則として労働関係法令の適用が
あります。具体的には、労働基準法、労働契約法、労働安全衛生法、最
低賃金法、労働・社会保険等については、外国人についても日本人と同
様に適用されます。

　たとえば、労働基準法第３条は、労働条件面での国籍による差別を禁
止しているため、外国人であることを理由に低賃金で雇用することは許

されません。技能実習生は外国人労働者に含まれるとしているので、技能実習生には、労働基準法、労働安全衛生法、最低賃金法、労働者災害補償保険法等の労働者に係わる諸法令が適用されます。

　なお、農業労働は、労働基準法の労働時間に関する規定については適用除外とされていますが、技能実習制度においては、他産業との均衡を図る意味から、この適用除外事項についても基本的に労働基準法の規定に準拠するものとされており、具体的には、1日8時間または週40時間を超えて労働させたときには2割5分増し以上、法定休日に労働させたときには3割5分増し以上の割増賃金を支給しなければなりません。このことは、農業の技能実習制度の大きな特徴であり、外国人技能実習生を受け入れる際にとくに留意する必要があります。

平成12年3月

農業分野における技能実習移行に伴う留意事項について

農林水産省農村振興局地域振興課

　農業分野における外国人研修生は、一部作業について雇用関係の下で技術等をより実践的かつ実務的に修得させる技能実習への移行が可能となった。

　農業に関しては、労働関係諸法令において様々な例外があることから、受入機関である農家・農業法人・農協等（以下「農家等」という。）を統一的に指導していくことが必要であり、当省としての考え方を整理したものである。

　今後、農業分野における技術実習移行に当たっては、下記事項に十分留意の上、技術実習制度の適正・的確な運用に努めて頂きたい。

記

1．労働基準法等の規定の適用と労働時間関係規定の準拠について

　原則として1人でも労働者を使用していれば、労働基準法の適用を受けるが、農業労働の場合、気候や天候に大きな影響を受けるという特殊性から、労働基準法の労働時間・休憩・休日等に関する規定については適用除外とされている。（ただし、深夜業に関する割増賃金に係る規定、年次有給休暇に関する規定は適用がある。）

しかし、農業の場合も労働生産性の向上等の為に、適正な労働時間管理を行い、他産業並みの労働環境等を目指していくことが必要となっている。この為、技能実習移行に当たっては、労働時間関係を除く労働条件について労働基準法を遵守すると共に、労働基準法の適用がない労働時間関係の労働条件について、基本的に労働基準法の規定に準拠するものとする。（以下省略）

参　考

平成25年3月28日

農林水産省経営局就農・女性課長

農業分野における技能実習生の労働条件の確保について

技能実習制度については、平成12年3月に「農業分野における技能実習移行に伴う留意事項について」（農林水産省農村振興局地域振興課通知。以下「通知」という。）により適正・的確な運用を求めてきたところであるが、依然として賃金不払等の不正行為が見られるところである。

このようなことから、下記事項に留意の上、関係機関に対し、通知について再度周知徹底し、技能実習制度の適正な運用に向けた指導をお願いする。

記

1　通知においては、労働基準法の適用が除外されている労働時間関係規定について、「労働生産性の向上等のために、適切な労働時間管理を行い、他産業並みの労働環境等を目指していくことが必要」との観点から、労働基準法の労働時間・休憩、休日等に関する規定に準拠することを求めているところであり、今後とも、通知を踏まえた適正・的確な制度の運用に努めること。

2　近年、農業分野の実習実施機関において、通知に反して、時間外労働・休日労働に対する割増賃金を支払わない雇用契約を締結している事案が報告されているほか、時間外労働に対する不当な低賃金といった不正行為の事例が公表されているところである。

このような行為は、制度全体に対する不信感を招くばかりでなく、制度そのものの存続の是非を問われかねないものであるので、適正・的確な技能実習制度の運営を行うこと。

特定技能外国人制度はどのような制度ですか？

 深刻な人手不足に対応するため、一定の専門性・技能を有し即戦力となる外国人材を受け入れることを目的とした制度です。

　わが国における外国人材受入れの基本的な方針は、専門的・技術的分野の外国人材は積極的な受入れが可能で、それ以外の分野ではさまざまな検討を要するという考えのもとに行われてきました。農業分野においては、従来、在留資格「技能実習」で入国した外国人材が技能実習生として全国各地で活躍していますが、2019年4月1日に改正入管法が施行され、在留資格「特定技能」が設けられました。これにより、深刻な人手不足と認められた建設業や介護、飲食料品製造業等、農業を含む12分野において外国人労働者が就労しています。この特定技能は、それまでの就労資格と違い在留資格の認可の要件に「学歴」や「母国における関連業務への従事経験」が不要なため、外国人材にとって取得が比較的容易な資格となっています。

　特定技能には1号と2号があり、特定技能1号は、分野毎に課せられる技能試験と日本語試験に合格するか（試験ルート）、技能実習2号を良好に修了すること（技能実習からの移行ルート）があり、当該分野に限り5年間の就労が可能になる資格です。特定技能2号は、1号修了者が移行できる資格で、現在、建設と造船・船舶工業の2分野のみが1号から2号への移行が可能な分野となっています。

受入れ対象者
① 技能水準は，受入れ分野で即戦力として活動するために必要な知識又は経験を有することとし、業界所管省庁が定める試験等によって確認する。
② 日本語能力水準は，ある程度日常会話ができ、生活に支障がない程度の能力を有することを基本としつつ、受入れ分野ごとに業務上

　必要な能力水準を考慮して定める試験等によって確認する。

③　技能実習２号を修了した者は，上記試験等を免除する。

雇用形態

　原則として直接雇用となりますが、農業は繁忙期と農閑期の差が激しく、個別の農家では通年雇用が難しい面があることを考慮し、人材派遣業者が雇用契約を締結し、複数農家に派遣する形態も認める方針で、許可された活動の範囲内で転職を認めることとしています。

　また、外国人材の受入れ先には農家だけでなくＪＡも認め、農家での作業と組み合わせことを前提にＪＡの集出荷施設でも働けることにする方針です（集出荷施設だけで働くことは不可）。

技能実習制度との違い

　深刻な人手不足となっている分野における「労働力の確保」を目的とする特定技能に対し、外国人技能実習制度は本来、開発途上国等への技術・技能の移転と経済発展を担う「人づくり」に協力する国際貢献を目的としています。現状、多くの企業等が技能実習生を労働力として活用しているのが実態ではありますが、今後、このような事業体の多くは特定技能外国人材を活用することになると考えられます。技能実習と特定技能の実務上の大きな違いとしては、次の３つが挙げられます。

①　特定技能は転職が可能

　技能実習では原則として転職が不可なのに対し、特定技能では同分野内での転職が可能です。技能実習制度では在留の目的が実習であるため、「転職」の概念がそもそも存在しません。原則として、受入れ事業体の倒産と技能実習２号から３号への移行の場合のみ「転籍」が可能です。一方、特定技能は就労資格であるため、同一職種内の転職が可能です。この特定技能では転職が可能であるということは、技能実習制度と比較して、外国人材にとってはメリットと考えられますが、受入れ事業体としては、早期に退職されるリスクがあるということはいえるでしょう。

　なお、特定技能は直接雇用が原則ですが、農業・漁業に関しては季節

及び地域によって繁閑の差が激しいため、派遣形態での雇用が可能です。たとえば、人材派遣会社等が外国人材を雇用し、農業者（組合員）から請け負った農作業等を外国人材が従事することも可能です。

② 特定技能は人数制限がない

技能実習は受入れ人数に制限があるのに対し、特定技能は一部分野を除き受入れ人数に制限がありません。技能実習制度の目的は、技術・技能の移転であるため、「適切な指導が求められる」という観点から受入れには人数制限があります。一方、特定技能は、目的が人手不足を補うことにあるので、建設及び介護を除き受入れ人数に制限がありません。

③ 特定技能は労働時間関係が適用除外

現在、技能実習生に対しては、制度上、法定労働時間の適用があり、時間外労働や休日労働については割増賃金が支払われていますが、特定技能外国人は労働者なので、技能実習生とは扱いが異なり、日本人労働者と同様の扱いになります。農業は労働基準法第41条により法律の一部（労働時間、休憩、休日とそれに係る様々な条項）が適用除外となります。具体的には、労働時間の上限規制等はなく、規制がないためペナルティとしての割増賃金の支払い義務は深夜割増を除きありません。

しかしながら、技能実習生と特定技能外国人の両方を受け入れる場合には、技能実習生については労働基準法の規定に準拠することとなっており、同じ外国人材間で労働条件が異なり、混乱を招くことが想定されるため、特定技能外国人材についても適用除外としないことを検討してください。

Q66 研修生の受入れを考えていますが、研修生は労働者と違うのでしょうか？

A 研修生は、一般的には労働者ではありませんが、農業の現場での研修は、実際に作業を行うので、状況によっては労働者とみなされる場合があります。

　具体的には、事業主との指揮命令関係があり、給与の支払等があれば労働基準法の労働者となり最低賃金法等の労働関係法令が適用されます。

　研修が明らかに教育的なスタイル（学校形式等）であれば、労働ではないので報酬の支払いも不要であり、労働者とみなされることもありません。

　研修生が「労働基準法上の労働者」（労働法で保護の対象となる者）とみなされるかどうかは、次の二つの要件を満たしている場合と考えてください。

① 　使用者（他人）の指揮監督を受けている

② 　労働の対償として報酬を支払われている

　使用者の指揮監督の下で労働し、報酬の性格が使用者の指揮監督の下に一定時間労働を提供していることへの対価である場合は、たとえ名称が研修生でも労働基準法上の労働者と判断されます。

研修生には危険な作業をさせない

　教育の一環として農作業に従事させることはあっても、研修生を労働者ではなく、あくまでも「研修生」として扱う場合は、トラブルを未然に防止する観点からも研修生に「危険な作業等はさせない」配慮が必要になります。

　また、万一事故等があっても研修生本人の自己責任のもと、事前に本人が加入している民間の傷害保険等で自ら対応し、受入れ農家側に損害賠償の請求等は行わない旨の「研修覚書」を結んでおくことも重要です。

Q67　ボランティアは労働者でしょうか？

　毎年、農繁期に大勢のボランティアに手伝ってもらっている友人がおり、私も勧められています。友人は「ボランティアといってもまったくの無報酬ではなく、いわゆる有償ボランティア」だそうです。有償であれば雇用だと思うのですが。

雇用は、被用者が使用者に対して労働に従事することを約し、被用者は使用者の指揮命令下で労働し、使用者がその労働に対して被用者に報酬を与えることを内容とする契約と解され、一方、ボランティアは、他人からの指揮命令を受けてする活動ではなく、自主的な無償の奉仕活動と解されます。したがって、無償であるか有償であるかが大きな違いといえるでしょう。

ボランティアと雇用の違い

　一般にボランティアは、他人からの指揮命令を受けて行う活動ではなく、「自主的な無償の奉仕活動または奉仕活動をする人」と解されます。これに対し雇用は、被用者が使用者に対して労働に従事することを約し、被用者は使用者の指揮命令下で労働し、使用者がその労働に対して被用者に報酬を与えることを内容とする契約と解されており、したがって、ボランティアは雇用ではありません。また、労働者も「指揮命令下で使用され、賃金を支払われる者」ですから、自主的な無償の奉仕活動を行うボランティアは労働者とは言えません。したがって、ボランティアと雇用の違いは、無償であるか有償であるかが大きな違いといえるでしょう。また、労働者であれば、万一の事故の際に労働基準法の災害補償責任に基づき補償を受けることができますが、ボランティアは労働基準法の対象外ですから、使用者に補償義務はありません。したがって、労災保険の適用もありません。

　このように、ボランティアは、一般的には無償の奉仕活動を指しますが、報酬を伴うボランティアも存在し、「有償ボランティア」などと呼ば

れています。典型的な有償ボランティアとしては、青年海外協力隊や国連ボランティア、国際交流基金日米センター日米草の根交流コーディネーター派遣プログラム、国境なき医師団海外派遣ボランティアなどがあります。

ボランティアには危険な作業をさせない

　農業でも「ボラバイト」と呼ばれる、ボランティアとバイトをかけ合わせたような仕事が以前から存在します。本来、労働者として雇用されるべきところを「有償ボランティア」という名で安価な条件で労働させることは、万一の事故の際に労災保険がきかない、また、ボランティアではないので「ボランティア保険」もきかない全く補償のない状態で仕事をしてもらうことになり、受入れる側にとっても非常にリスクの高い活動形態であることは十分承知しておく必要があります。

　本来、ボランティアは自主的かつ無償の奉仕活動ですから、ボランティア活動中のケガは自己責任が原則と考えるべきでしょう。したがって、万一の際のトラブルを避けたいのであれば、作業中のケガなどは、作業者の自己責任であることを承諾した旨を記載した覚書などを事前に受け取っておくべきでしょう。

お礼は報酬か

　ボランティアに対して作業のお礼に農作物（例えば野菜）を渡すことは報酬を支払うことになるのでしょうか。この場合、ボランティアは労働者として扱われるのでしょうか。また、わざわざ交通費を負担してきてくれるボランティアに交通費の実費を支払いたいのですが、この場合も報酬を支払うことになるのでしょうか。

　単に受入れる側の感謝の気持ちとして、ボランティアが手荷物程度の野菜を受け取ることは、ボランティア活動の範囲と考えられます。ボランティア活動（無償活動）の無償の範囲は、活動に伴う経費の実費弁償の範囲と考えられ、実費弁償の例としては、活動先に赴く交通費や活動中の食費などが挙げられます。したがって、実費交通費を渡す程度はボランティア活動の範囲と考えられます。

農作業を請負業者にやってもらう場合に注意すること
は何でしょうか？

 農作業を請負業者に委託する場合、発注者である農家・農業法
人に業務の指揮命令権はありません。

　雇用契約とは、当事者である一方（労働者）が相手方（使用者）に使
用されて労働に従事し、使用者は、その労働に対して賃金を与える約束
をする契約で、雇用契約による賃金は労働に従事した時間に対して支払
うものです。これに対して、業務請負契約とは、仕事の完成に対して報
酬を支払うことを約束する契約で、業務請負契約による請負人は、発注
者の仕事に従事することがあっても、発注者の労働者となりません。し
たがって、雇用契約の場合、使用者は、労災保険はもちろんのこと、所
定労働時間によっては雇用保険や社会保険の加入義務がありますが、業
務請負契約の場合、発注者（農家、農業法人）は請負人の労働保険や社
会保険の加入義務はありません。

発注者に指揮命令権はない

　契約が業務請負の形式をとっていても、その実態において使用従属関
係が認められるときは、当該関係は雇用関係であり、当該請負人は委託
者の労働者となるので注意が必要です。雇用と業務請負の違いは、具体
的には指揮命令関係の有無にあります。契約上は業務請負としていて
も、実際には請負人が発注者の指揮命令下にあると、その実態は雇用契
約であることになります。したがって、農家、農業法人等が農作業を発
注する場合には、発注者は請負人に指揮命令をしないことが農作業請負
の当然の要件になります。また、農作業を請負業者に委託し、請負業者
の雇用する請負労働者が農作業をする場合の請負労働者に対する指揮命
令権は請負業者にあります。

　指揮命令とは、具体的には農作業を指揮命令することはもちろんのこ
とで、たとえば、発注者が請負人等に対して所定労働時間（朝８時から

夕方17時まで等）等を定め、労働時間の管理をすると、請負人等は発注者の指揮命令下にあるものとして、実態は雇用であると判断される可能性があります。

　請負契約は、納期までに仕事を完成させるのであれば、いつどのように作業をしようと請負人の判断に任されるはずですので、発注者が請負人等の労働時間を厳密に管理すると、それは雇用であり、請負人等は、発注者に雇用された労働者と判断される可能性が高いということです。

　業務請負として扱っていたものが雇用契約であると判断されると、発注者が使用者として本来負うべき労働基準法等を根拠とする様々な義務等を農家、農業法人等が負わなければならないという事態に発展する可能性があります。たとえば、長時間労働に対する未払い賃金が発生していた場合、農家、農業法人等に未払い賃金の支払い義務が生じるなどのトラブルに発展することもありえるのです。

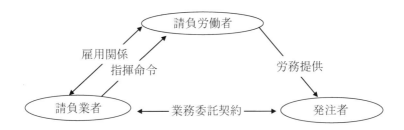

稲作農家です。通年雇用の労働者を冬季の農閑期に知り合いの日本酒醸造会社で働いてもらうことは可能でしょうか？

 出向という形態を活用することで可能です。

出向のしくみ

　出向とは、会社間の契約によって、従業員が雇用先である会社（出向元）に籍を置いたまま、子会社や関連会社、取引先企業等他の会社（出向先）の従業員としての地位を取得し、当該出向先の指揮命令下で業務に従事する形態をいいます。

　出向者は、出向元と出向先の両方で雇用関係が生じる関係にあり、出向者に対する指揮命令権は、出向元から出向先に移ることになります。

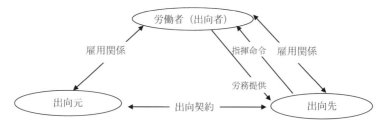

※労働者（出向者）は、出向元と出向先の両方の従業員としての地位を有することになる。

出向の目的

　出向は、日本の雇用慣行の一つと言われ、昔から多くの企業等で利用されています。

　しかし、労働者が派遣元と派遣先の両方と雇用関係がある状態は職業安定法44条で禁止されている、労働者供給事業にあたるとされるので、出向の目的は下記に限られています。

① 人材不足の解消

　子会社や関連会社に必要な人材が確保されていない場合に、親会社から従業員を出向させて人材不足を解消するケースです。

② 人材育成

　従業員教育の一環として、幹部候補社員を子会社や関連会社に出向させるケースです。

③ 人事交流

　グループ会社間の人的交流を深め、結束をより強化することを目的として、子会社や関連会社に従業員を出向させるケースです。

　農業法人間で行われている「人材交流」もこれに含まれるでしょう。

④ 雇用機会の確保

　雇用確保を図ることを目的として、子会社や関連会社に従業員を出向させるケースです。農業では、農閑期に自社に仕事がない等の理由で労働者を他社に出向させているケースがあり、これにあたります。

　農業法人等に雇用される労働者の中には、通年雇用が難しいという受入れ農家の事情を理由に、毎年繰り返し複数の農場に雇用されている者がいます。たとえば、1年のうち7か月を稲作農家に、5か月をイチゴ農家にという具合です。これらのケースでは、ほとんどの労働者が社会保険に未加入です。出向の仕組みを利用することにより、社会保険の加入をはじめとして、よりよい労働条件の提供が可能となります。

偽装出向は違法

　出向の目的が、上の①〜④のいずれかに該当しても、出向を「業」とする場合は労働者供給事業となり、職業安定法第44条の禁止規定違反となります。出向においては、わずかな手数料や金銭的な益であっても、事業行為は全て労働者供給事業となり、労働基準法第6条（中間搾取の禁止）に違反することになります。労働者を他社で働かせることにより、金銭的利益を得ると、それは出向ではないということです。

Q70 労働者派遣業者からの労働者受け入れを検討しています。労働者派遣の仕組みを教えてください。

Ａ　労働者派遣は、派遣労働者と派遣業者との間には雇用関係があり、派遣労働者と派遣先との間には指揮命令関係があるという、雇用関係と指揮命令関係が分離することが労働者派遣の大きな特徴です。

労働者派遣の仕組み

　労働者派遣の基本的な仕組み等についてですが、まず、労働者派遣にかかわる三者の関係を整理しましょう。

　・派遣労働者（労働者派遣に従事して働く労働者）

　・派遣業者（派遣労働者を雇用して派遣事業を行う会社＝派遣元）

　・派遣先（派遣労働者を受け入れる会社）

　労働者を直接雇用する事業主は、自ら雇用する労働者を指揮命令して働かせていますが、労働者派遣では、派遣業者は自ら雇用する労働者を他社（派遣先）に派遣し、派遣労働者は派遣先の指揮命令の下に働くことになります。

　このように、派遣労働者と派遣業者との間には雇用関係があり、派遣労働者と派遣先との間には指揮命令関係があるという、雇用関係と指揮命令関係が分離することが労働者派遣の大きな特徴です。もともと職業安定法により労働者派遣は禁止されていました。これは、強制労働や賃金ピンハネ（中間搾取）の恐れがあるためです。しかし、違法と知りながら「業務処理請負業」と称して労働者派遣を行っている業者は古くからあり、徐々に法律を整理する必要性が高まる中、失業者の就業機会を増やす役割への期待等もあり、1985年に労働者派遣法が制定されました。この労働者派遣法によって労働者派遣契約は、従来の業務請負契約と明確に区別されることになりました。

　業務請負では、請負労働者は自身が雇用関係を結ぶ企業（請負業者）と注文主の企業との間で締結した請負契約にもとづいて労働を提供しま

す。そのため、労働者の指揮命令権は注文主の企業ではなく、あくまでも請負業者にあると定義されています。

　一方、労働者派遣では、派遣業者と派遣先の企業が派遣契約を結び、派遣業者と派遣労働者が雇用関係を結び、派遣先の企業と派遣労働者が使用関係を結ぶという、いわば三角形の関係にあり、労働者の指揮命令権は派遣先の企業に認められています。

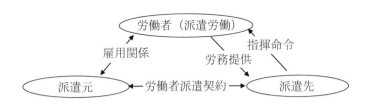

※派遣労働者は、派遣先の従業員としての地位は一切持たず、派遣先企業の一員とはならない。

労働者派遣における労働基準法等の適用に関する特例

　労働基準法や労働安全衛生法等の労働関係法令の適用については、原則として労働者と労働契約関係にある事業主が責任を負うこととされています。労働者派遣については、派遣労働者と労働契約を締結するのは派遣業者（派遣元）ですので、派遣労働者と労働契約関係にない派遣先は責任を負わないことになります。

　しかし、派遣労働は、法令が前提としている労働関係と異なり、派遣労働者と労働関係に派遣先が業務遂行上の具体的指揮命令を行うため、法令の適用の原則的な考え方では、派遣元に責任を問えない場合がある一方で、派遣先に責任を負わせることが適当な場合もあるなど、派遣労働者の労働条件や安全・衛生を確保する上で保護に欠けることになります。

　このため、派遣法では、労働関係法令の適用について、
①　派遣元と派遣先双方を
②　派遣先のみを
事業主とみなし、責任を負わせる特例措置を設けています。

　このことによって、派遣労働者に対する労働関係法令の適用については、派遣労働者と労働契約関係にある派遣元が責任を負う原則は変わりませんが、派遣先も労働関係法令上の責任を負うことになり、違反すると罰則が適用されることになります。

　派遣元と派遣先の責任分担は、下表のようになります。

派遣元・派遣先の責任分担

	派遣元	派遣先	双　　方
労働基準法	・賃金 ・年次有給休暇 ・災害補償　等	・労働時間 ・休憩 ・休日 ・時間外／休日労働　等	・強制労働の禁止等
労働安全衛生法	・雇入れ時の安全衛生教育 ・一般健康診断等	・安全管理者、安全委員会 ・危険防止等のための事業者の講ずべき措置等 ・特別の安全衛生教育 ・作業環境測定 ・特殊健康診断　等	・総括安全衛生管理者 ・衛生管理者、衛生委員会 ・作業内容変更時の安全衛生教育 ・健康診断実施後の作業転換等の措置等
男女雇用機会均等法	（右記以外の規定）	―	・妊娠／出産等を理由とする不利益取扱い禁止 ・職場における性的な言動に起因する問題に関する雇用管理上の措置 ・妊娠中及び出産後の健康管理に関する措置
労働・社会保険	・派遣元のみが責任を負う	―	―

従業員のマイナンバーの扱いについて教えてください。

現在、社会保障の分野では、雇用保険、健康保険、厚生年金保険の資格取得と喪失等の届、税の分野においては、源泉徴収票や扶養控除等（異動）申告書等にマイナンバーの記載が義務付けられています。

マイナンバー制度とは

　マイナンバー制度とは、「行政手続における特定の個人を識別するための番号の利用等に関する法律」（以下「番号法といいます。」に基づき、住民票を有する全ての人に番号を付与し、その番号を利用する制度をいいます。

　番号には、個人に付与される個人番号（12桁）と法人に付与される法人番号（13桁）があり、平成27年10月から番号が通知されています。

　マイナンバー制度は、社会保障、税、災害対策の分野で効率的に情報を管理し、複数の機関に保有されている個人情報が同一の情報であることを確認するために活用されるもので、行政を効率化し、国民の利便性を高め、公平かつ公正な社会を実現する社会基盤であるとされています。すなわち、複数の機関に存在する個人情報が個人番号によって紐付けられることが可能になるため、より正確な所得把握が可能となり、社会保障や税の給付と負担の公平化が図られる効果が期待されています。

　マイナンバーの利用範囲は、現在、社会保障、税及び災害の分野に限定されており、具体的に企業等の事業者においては、社会保障の分野では、雇用保険、健康保険、厚生年金保険の資格取得と喪失等の届、税の分野においては、源泉徴収票や扶養控除等（異動）申告書等にマイナンバーの記載が義務付けられています。したがって、企業等においては、従業員からマイナンバーを取得することが必要となっています。

マイナンバー制度の対象者

　マイナンバーが付番される対象者は、日本に住民票がある全ての人となっています。したがって、日本人だけでなく外国人であっても、3か月を超えて適法に在留する中長期在留者や特別永住者等であれば、マイナンバーが付番され通知されます。

　したがって、在留カードを保有する外国人技能実習生や特定技能外国人もマイナンバー制度の対象となります。

マイナンバーの利用・提供・収集の制限

　マイナンバーの利用範囲は、当初は社会保障、税及び災害の分野における行政手続に必要な限度でのみ利用され、これら以外の目的でマイナンバーを利用することは許されません（番号法第9条）。

　また、上記の目的外利用の禁止の他、法に規定する場合を除いては、そもそもマイナンバーの提供を求めること自体許されていません（番号法15条）。

　さらにマイナンバーを含んだ個人情報、すなわち「特定個人情報」は、法で限定的に明記された場合を除いては、提供することが禁止されています（番号法19条）。

　このように、番号法は、マイナンバーの利用範囲を限定するだけでなく、マイナンバーの提供を求めることや特定個人情報の提供を制限することによって、マイナンバーの不正利用を防止しています。

　なお、番号法においては、正当な理由なく特定個人情報ファイルを提供したとき、不正な利益を図る目的でマイナンバーを提供、盗用したとき等の場合に罰則を設けるとともに、個人情報保護法と比して刑の上限が引き上げられており、罰則が強化されています。

事業者がマイナンバーを記載する書類（一部）

社会保障分野	税分野
雇用保険被保険者 資格取得届／資格喪失届	給与所得の源泉徴収票 給与支払報告書

健康保険・厚生年金保険被保険者 資格取得届／資格喪失届	退職所得の源泉徴収票 特別徴収票
報酬月額算定基礎届／報酬月額変更届	報酬、料金、契約金及び賞金の支払調書
健康保険・厚生年金保険産前産後休業／育児休業等取得者申出書・終了届	配当、剰余金の分配及び基金利息の支払調書
健康保険被扶養者（異動）届	不動産の使用料等の支払調書
国民年金第3号被保険者関係届	不動産等の譲受けの対価の支払調書

Ⅱ 労働・社会保険のQ&A

第11章　労働・社会保険共通

 従業員を雇った場合に加入する公的保険は何ですか？

 加入する公的保険には、労働保険と社会保険があります。

　下図は、日本の社会保障制度を表したものです。一般的に「社会保険」という場合、健康保険・厚生年金保険等の狭義の社会保険を指します。それに対し、労災保険や雇用保険を労働保険といいます。

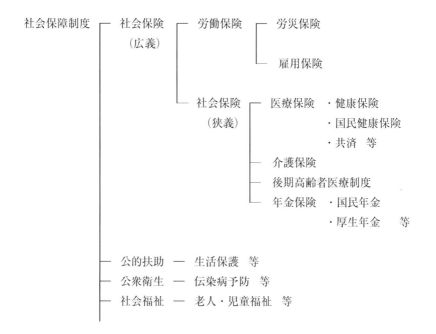

公的保険と私的保険

　労働保険や社会保険は政府や公的機関が管掌しているので公的保険といいます。これに対し、民間の生命保険会社や損害保険会社などが販売している保険を私的保険といいます。

　私的保険は、購入（加入）するしないは、まったくの自由ですが、公的保険は、一定の条件に該当すれば、加入が義務付けられています。国民年金を例に挙げれば、大学生の身分であっても、日本に住所を有する限り20歳になれば黙っていても被保険者（第１号被保険者）となり、本人に保険料の支払義務が生じます。

労働保険と社会保険

　公的保険である労働保険と社会保険の管轄の主務官庁は、どちらも厚生労働省です。労働保険とは、労働者災害補償保険（労災保険）と雇用保険のことをいい、社会保険は、健康保険、厚生年金保険、国民健康保険、国民年金等のことをいいます。

主な公的保険の種類

保険種類	労　働　保　険		社　　会　　保　　険			
	労災保険	雇用保険	健康保険	厚生年金保険	国民健康保険	国民年金
対　象	労働者		法人の事業主と労働者		個人事業の事業主と労働者	
保険者	政　府		全国健康 保険協会	健康保険 組合	政　府	市町村	国民健康 保険組合	政　府
窓　口	労働基準 監督署	公共職業 安定所	全国健康 保険協会	健康保険 組合	年金事務所	市町村	国民健康 保険組合	市町村
保険事故	業務上及び通勤途上の病気・けが・死亡	失　業　など	業務外の病気・けが・死亡・分娩		老齢、障害、死亡	病気・けが・死亡・分娩	老齢、障害、死亡
給　付	・療養（補償）給付 ・休業（補償）給付 ・障害（補償）給付 ・遺族（補償）給付 ・傷病年金（補償） ・介護（補償）給付 など	●求職者給付 （基本手当等） ●就職促進給付 （再就職手当等） ●教育訓練給付 ●雇用継続給付 （高年齢雇用継続給付等） など	●傷病給付 （療養の給付、療養費、傷病手当金、高額療養費等） ●出産給付 （出産育児一時金、出産手当） ●死亡給付 （埋葬料等） など	・老齢厚生年金 ・障害厚生年金 ・遺族厚生年金 など	●傷病給付 （療養の給付、療養費、高額療養費等） ●出産給付 （出産育児一時金） ●死亡給付 （埋葬費） など	・老齢基礎年金 ・障害基礎年金 ・遺族基礎年金 など
保険料の負担者	事業主	事業主と被保険者（労使で折半）			被保険者（全額自己負担）	

　通常、民間会社等の法人が従業員を雇った場合に加入しなければならない労働・社会保険は、労災保険・雇用保険・健康保険・厚生年金保険の４種類の公的保険です。

　農業の場合は法人事業であれば上記の公的保険は強制加入となりますが、個人経営の事業で常時労働者が５人未満の場合には、労働保険（労災保険・雇用保険）は任意加入となっており、社会保険（健康保険・厚生年金保険）は従業員の数にかかわらず任意加入となります。

Q73 農業の労働保険と社会保険の適用はどうなりますか？

A 農業の労働保険と社会保険では、法人事業か個人事業かといった事業形態によって、また個人事業においては、労働者の人数によって、適用に違いがあります。

　労働保険や社会保険は、従業員がケガや病気、出産、失業などをしたときに国が保険給付をする公的保険制度ですので、従業員に安心して働いてもらうために不可欠なものです。

農業の労働保険の適用

　農業の労働者の労働保険の適用について、個人経営の場合は、労働者が常時5人未満の場合には、「暫定任意適用事業」といって、原則として任意加入となっています。労働者が常時5人以上いる個人事業と法人事業は、労働保険は強制適用です。

農業の労働者の労働保険（労災保険・雇用保険）の適用

個人事業				法人事業	
労働者常時5人未満		労働者常時5人以上			
労災保険	雇用保険	労災保険	雇用保険	労災保険	雇用保険
任意適用 ただし、一定の危険又は有害な作業を主として行う事業と事業主が特別加入している事業※は強制適用	任意適用	強制適用			

※　原則として事業主は、労災保険の適用を受けませんが、農業においては、事業主が加入できる「特別加入制度」があります。個人経営の事業主が「特別加入制度」を利用する場合には、その事業所は強制適用となり、この場合、労働者は労災保険が強制適用されることになる。

農業の社会保険の適用

　農業の労働者の社会保険の適用について、大きく個人経営の事業と法人経営の事業に分けると個人経営の場合は、国民健康保険と国民年金に加入し、法人経営の場合は、健康保険と厚生年金に加入することになります。

農業の労働者の社会保険（医療保険・公的年金）の適用

個人事業		法人事業	
医療保険	公的年金	医療保険	公的年金
国民健康保険 ただし、事業所で使用される者の2分の1以上の同意及び厚生労働大臣の認可があれば健康保険が適用される。	国民年金 ただし、事業所で使用される者の2分の1以上の同意及び厚生労働大臣の認可があれば厚生年金が適用される。	健康保険	厚生年金

各構成員の労働・社会保険の適用

　事業所の構成員ごとの労働保険と社会保険の適用を表したのが次表です。

　農事組合法人は「確定給与制」の場合は一般法人の扱いになりますが、「従事分量配当制」は、一般法人とは異なった扱いになるので注意が必要です。

各構成員の労働保険と社会保険の適用

		個人事業	任意組合	農事組合法人		株式会社 有限会社
				従事分量配当制	確定賃金制	
労災保険	個人事業主、任意組合の代表者、農事組合法人の代表理事、会社法人の代表取締役　等	特別加入（任意）				
	任意組合の構成員、農事組合法人組合員（出資者）					
	個人事業主の従業員、農事組合法人の組合員（非出資者）及び従業員、会社法人の従業員	5人以上（強制適用） 5人未満（任意適用）		強制適用		
雇用保険	個人事業主、任意組合の代表者、農事組合法人の代表理事、会社法人の代表取締役　等	加入不可				
	任意組合の構成員、農事組合法人組合員（出資者）					
	個人事業主の従業員、農事組合法人の組合員（非出資者）及び従業員、会社法人の従業員	5人以上（強制適用） 5人未満（任意適用）		強制適用		
医療保険	個人事業主、任意組合の代表者、農事組合法人の代表理事、会社法人の代表取締役　等	国民健康保険				健康保険
	任意組合の構成員、農事組合法人組合員（出資者）					
	個人事業主の従業員、農事組合法人の組合員（非出資者）及び従業員、会社法人の従業員	国民健康保険※1				
年金保険	個人事業主、任意組合の代表者、農事組合法人の代表理事、会社法人の代表取締役　等	国民年金				厚生年金
	任意組合の構成員、農事組合法人組合員（出資者）					
	個人事業主の従業員、農事組合法人の組合員（非出資者）及び従業員、会社法人の従業員	国民年金※2				

※1・・・事業所で使用される者の2分の1以上の同意及び厚生労働大臣の認可があれば健康保険が適用される。

※2・・・事業所で使用される者の2分の1以上の同意及び厚生労働大臣の認可があれば厚生年金が適用される。

Q74 農事組合法人の労働保険と社会保険の適用はどうなりますか？

 「従事分量配当」と「確定給与」とで扱いが異なります。

　農業の法人形態には、大きく分けると農事組合法人と会社法人のふたつがあります。農事組合法人は、農業の協業による共同利益の追求を目的としており、議決権が１人１票制で、構成員の公平性が重視され、３名以上の構成であれば資本金の制限がないという特徴があります。農事組合法人は、組合の事業を行った結果に対する剰余金を組合員が事業に従事した度合いに応じて配当する「従事分量配当」の場合と、組合員に「確定給与」を支給する場合があります。「従事分量配当」は農事組合法人特有の制度で、「給与所得」とはされずに「事業所得」とされるため、労働・社会保険の適用については、株式会社等の一般的な法人とは異なった扱いになります。

農事組合法人の労働保険の適用

		労災保険		雇用保険	
		従事分量配当	給与	従事分量配当	給与
組合員	代表理事理事	特別加入		加入　不可	
	組合員		強制適用		強制適用
従業員（非出資者）			強制適用		強制適用

農事組合法人の社会保険の適用

		医療保険		公的年金	
		従事分量配当	給与	従事分量配当	給与
組合員	代表理事理事	国民健康保険	健康保険	国民年金 農業者年金(任意)	厚生年金保険
	組合員				
従業員（非出資者）					

集落営農（任意組織等）の労働保険と社会保険の適用

集落営農の構成員の労働・社会保険の適用は、次のようになります。

労働保険		社会保険	
労災保険	雇用保険	医療保険	年金
各構成員が特別加入制度（指定農業機械作業従事者又は特定農作業従事者）に加入する	加入不可	国民健康保険	国民年金 （＋農業者年金（任意））

労働保険と社会保険の保険料の負担はどうなりますか？

 次のようになります。
○労災保険は、保険料の全額を事業主が負担
○雇用保険・健康保険（介護保険）・厚生年金保険は、労使で負担
○国民健康保険と国民年金の保険料は、全額自己負担

　労災保険のみが保険料の全額を事業主が負担し、他は労使で負担します。保険給付は、事業主・従業員からの保険料でまかなわれているわけですが、保険の運営に要する事業費・人件費等は国が負担していますし、保険給付にかかる財源の一部も国から補助金が出ています。労働・社会保険が公的保険といわれる理由です。

労働保険・社会保険の保険料率（保険料）

（令和４年10月現在）

保　　　険		全　　体	事業主負担	従業員負担
労災保険	農業・畜産業 食料品製造業※１ 卸売業・小売業、飲食店又は宿泊業	13.0／1000 6／1000 3／1000	13.0／1000 6／1000 3／1000	なし
雇用保険	農林水産業 一般の事業(造園業・園芸サービス)	15.5／1000 13.5／1000	9.5／1000 8.5／1000	6／1000 5／1000
健康保険※２　（全国平均）		100／1000	50／1000	50／1000
介護保険※３		16.4／1000	8.2／1000	8.2／1000
厚生年金保険		183／1000※４	91.5／1000	91.5／1000
国民健康保険及び介護保険 （保険料／年額）		国民健康保険の保険料は、収入が同じであっても、住んでいる市区町村によって異なります。国民健康保険は各市区町村によって運営され、その財政状況に応じた保険料の賦課方式が取られているからです。保険料の賦課方式は、所得割、被保険者均等割、世帯別平等割、資産割の４方式で行っている市区町村がほとんどですが、大都市では資産割を課さない３方式を取っていたり、東京都のように世帯別平等割も課さない２方式だけのところもあります。		
国民年金（保険料／月額）		16,590円		

※１　設備を有して、もやし、えのき茸等の製造を行う事業を含みます。
※２　協会けんぽの健康保険料率は都道府県によって異なります。
※３　40歳以上65歳未満の従業員にのみ対象となります。

　なお厚生年金の適用事業所は、児童手当法によって、事業所に児童手当を受ける者がいる、いないに係らず、事業主は子ども・子育て拠出金を納付しなければなりません。これは、全額事業主負担で、拠出金額は、厚生年金保険の被保険者の標準報酬月額の総計に拠出金率3.6／1,000をかけた額です。

保険料の計算例

　月額給与が20万円（標準報酬月額20万円）の従業員（介護保険料の負担なし）の労働保険と社会保険の保険料は下のようになります。

	労災保険	雇用保険	健康保険	厚生年金	子ども・子育て拠出金	合　計
事業主負担	2,600円	1,900円	10,000円	18,300円	720円	33,520円
従業員負担	負担なし	1,200円	10,000円	18,300円	負担なし	29,500円
合　計	2,600円	3,100円	20,000円	36,600円	720円	63,020円

（健康保険料率は全国平均を使用／令和4年10月現在）

ワンポイント

育児休業中の労働・社会保険保険料の扱い

　健康保険料（介護保険料含む）と厚生年金保険料については、3歳に満たない子を養育するための育児休業期間中は、事業主の申出により、被保険者の負担すべき保険料と事業主の負担すべき保険料は免除となります。また、児童手当拠出金も免除となります。

　雇用保険料については免除されませんが、社会保険料と違い、給与の支払がないときは、保険料がかかりません。

◆━◆━◆ ワンポイント ◆━◆━◆━◆━◆━◆━◆━◆━◆━◆━◆━◆━◆

介護保険の資格取得日と喪失日の考え方

　介護保険の被保険者の資格取得日は、40歳の誕生日の前日になります。また、資格取得日の属する月の保険料から徴収することになります。

　たとえば、Eさんは9月1日が誕生日で40歳になる場合、資格所得日は前日の8月31日となり、8月分の保険料を9月の給与から控除することになります。

　また、介護保険の資格喪失日は65歳の誕生日の前日となり、資格喪失日の属する月の保険料は徴収しません。Eさんの場合は、資格喪失日は8月31日となり、保険料の最終控除は7月分まで（8月給与からの控除）です。

◆━◆

当社は有限会社ですが、パート労働者も労働保険および社会保険に加入させなければいけませんか？

・労災保険は、適用事業所であれば雇用形態の如何を問わず加入となります。したがってパート労働者は当然加入となります。

・雇用保険は、１週間の所定労働時間が20時間以上であり、かつ31日以上引続き雇用される見込みがある者については、加入させなければなりません。

・健康保険・厚生年金保険は、一定の時間数および一定の日数で認定されます。

　パート労働者として就労する場合の社会保険については100人以下の事業主については、次の３つのパターンが考えられます。

① 　１日または１週間の労働時間および１か月の所定労働日数が、その事業所において同種・同業の業務に従事する人のおおよそ４分の３未満の者であって、年収の額が130万円未満の者は健康保険の被扶養者（国民年金の第３号被保険者）となります。（次頁の表の□□の部分）

② 　１日または１週間の労働時間および１か月の所定労働日数が、その事業所において同種・同業の業務に従事する人のおおよそ４分の３未満の者であって、年収の額が130万円以上の者は国民健康保険および国民年金の被保険者（第１号被保険者）となります。（次頁の表の□□の部分）

③ 　１日または１週間の労働時間および１か月の所定労働日数が、その事業所において同種・同業の業務に従事する人のおおよそ４分の３以上ある者は、健康保険および厚生年金保険の被保険者（国民年金の第２号被保険者）となります。

　税金も含め次頁の表にまとめてみました。（次頁の表の▨▨の部分）

パート労働者（会社員の妻）の社会保険・税金

所定労働時間及び所定労働日数	妻の年収	妻の加入する社会保険・税金			
		医療保険※2	年　金※2	所得税	住民税
一般従業員（正社員）の4分の3未満	100万円以下	夫の被扶養者配偶者	国民年金の第3号被保険者（保険料負担なし）	非課税	非課税※1
	100万円超　103万円以下				
	103万円超　130万円未満			課　税	課　税
	130万円以上	国民健康保険	国民年金の第1号被保険者		
一般従業員（正社員）の4分の3以上	100万円以下	健康保険	厚生年金	非課税	非課税※1
	100万円超　103万円以下				
	103万円超　130万円未満			課　税	課　税
	130万円以上				

※1　住民税の非課税枠は、お住まいの地域によって100万円の他に96万5千円、93万円があります。
※2　令和4年10月から、週30時間以上働く場合に加え、従業員101人以上の会社で週20時間以上働く方等も加入対象となり、下記の要件を全て満たす方については、健康保険・厚生年金保険の被保険者となりました。
　1）1週間あたりの決まった労働時間が20時間以上であること
　　　労働時間の中に残業時間は含めません。所定労働時間で確認します。
　2）1ヶ月あたりの決まった賃金が88,000円以上であること
　　　賃金の中に賞与、残業代、通勤手当などは含めません。あらかじめ決まっている賃金（所定内賃金）で確認します。契約書等で不明な場合は、例えば「時間給×週の所定労働時間×52週÷12か月」で計算します。
　3）雇用期間の見込みが2か月超であること
　　　雇用期間が2か月以内である場合であっても、就業規則や雇用契約書等の書面においてその契約が更新される場合がある旨が明示されている場合などを含みます。
　4）学生でないこと
　　　ただし、夜間、通信、定時制の学生の方は対象となります。
　5）以下のいずれかに該当すること
　　①　従業員数が101人（※1）以上の会社（特定適用事業所）で働いている
　　②　従業員数が100人（※2）以下の会社で働いていて、社会保険に加入することについて労使で合意がなされている
　　　（※1）令和6年10月から51人以上となります。
　　　（※2）令和6年10月から50人以下となります。

ワンポイント

試用期間中も労働・社会保険の加入は必須

　本採用するかどうか確定していないので、試用期間中は雇用保険や社会保険の被保険者資格取得の手続をしない場合がありますが、新規採用者の試用期間については、一定の期間を定めて雇入れるような臨時の労働者とは認められませんので、実際に雇入れた日を資格取得日として、雇用保険・社会保険の加入手続きをしなければいけません。

社会保険の適用事業所の法人ですが、雇用期間１か月の臨時労働者にも社会保険の加入手続きをしなければならないでしょうか？

 短期雇用となる臨時で雇用される者や季節労働者は、社会保険の適用除外者です。

　次の者は強制適用事業所等で使用される場合であっても健康保険と厚生年金保険の適用が除外されます。

１．臨時に使用される者

⑴　２か月以内の期間を定めて使用される者

　　ただし、その期間を超えて引き続き使用されるに至ったときは、被保険者となります。たとえば、２か月の契約で雇用された者が、２か月を過ぎて引き続き雇用されるときは、そのときから被保険者となります。

　　また、令和４年10月以降、次のいずれかに該当する場合は、雇用期間が２か月以内であっても適用されます。

　ア　就業規則、雇用契約書等において、その契約が「更新される旨」、または「更新される場合がある旨」が明示されている場合

　イ　同一事業所において、同様の雇用契約に基づき雇用されている者が、更新等により最初の雇用契約の期間を超えて雇用された実績がある場合

⑵　日々雇い入れられる者

　　ただし、１か月を超えて引き続き使用されるに至ったときは、そのときから被保険者になります。

２．季節的業務に使用される者

　季節的業務というのは、製茶等の季節によってなされる業務をいいます。

　ただし、はじめから４か月を超えて使用される予定の者は、当初から被保険者になります。

●●● ◆ **ワンポイント** ◆ ●●●

何歳まで労働保険や社会保険の被保険者でいられるか

　高齢者の労働・社会保険の扱いは、次のような扱いになります。

① 　労災保険・・・・・年齢に関係なく在職中は労災保険の対象です。
② 　雇用保険・・・・・年齢に関係なく在職中は適用労働者です。
③ 　健康保険・・・・・75歳の誕生日に健康保険から後期高齢者医療制度に移行します。
④ 　厚生年金保険・・・70歳に達した日（70歳の誕生日の前日）に被保険者資格を失います。
　　　　　　　　　　　ただし、70歳になっても老齢基礎年金の受給資格期間を満たしていない人は、受給資格期間を満たすまで、高齢任意加入被保険者として厚生年金保険の加入を継続することができます。

Q78　健康保険と厚生年金保険の毎月の保険料は、どのようにして決めるのですか？

 健康保険と厚生年金保険の保険料は、被保険者の標準報酬月額をもとに決めています。

　社会保険料は、被保険者各々の標準報酬月額をもとに決めています。いちいち毎月の報酬をもとに社会保険料を算出していたのでは、事務が非常に煩雑になります。

　そこで、報酬の額をいくつかの等級に区分して仮の報酬を定め、各々の従業員について原則として１年間はその報酬をもとに毎月の保険料の計算を行うようにしています。

1．標準報酬月額の決定方法

(1)　**資格取得時決定（健康保険法第42条）**

　　被保険者資格を取得したとき（入社時）にその人が受けるであろう報酬額により決定します。

　・月給制・・・・・・その額をもとに標準報酬月額を決定します。

　・日給、時間給・・・雇入れの前１か月間に、その事業所で同じ形態で報酬を受けた人の平均額をもとに標準報酬月額を決定します。

(2)　**定時決定（健康保険法第41条）**

　　実際の報酬額を即した標準報酬月額とするため、原則として７月１日現在の被保険者全員について、その年の４月・５月・６月の報酬額をもとに決定します。

(3)　**随時改定（健康保険法第43条）**

　　基本給等の固定的賃金の変動※や賃金体系の変更によって報酬額が変動し、変動月以降の３か月間の報酬の平均額とそれまでの標準報酬月額との差が著しい（２等級以上の差）場合に改定します。

※固定的賃金の変動とは、ベースアップ、ベースダウン、賃金体系の変更（時給から月給に変更など）、基礎単価の変更、役付手当がついた場

合などをいいます。

固定的賃金	月給・日給・時給・役付手当・家族手当・住宅手当など
非固定的賃金	残業手当・休日勤務手当・皆勤手当・宿直手当など

(4)　育児休業等終了時改定（健康保険法第43条の２）

　　育児休業または育児休業制度に準ずる休業を終了した被保険者が３歳未満の子を養育している場合に、保険者（年金事務所等）に届け出れば、育児休業等の終了日の翌日の属する月以降３か月間の報酬の平均額にもとづいて標準報酬月額を改定します。

２．標準報酬月額の下限と上限

　標準報酬月額には、下限と上限があります。下限を下回る報酬の場合は下限を、上限を上回る報酬の場合には上限をその人の標準報酬月額とします。

　　　健康保険・・・・58,000円（１等級）から1,390,000円（50等級）
　　　厚生年金保険・・88,000円（１等級）から650,000円（32等級）

３．保険料の控除

　社会保険料は、被保険者負担分を毎月の給与から控除して、会社負担分と合算したものを会社を管轄する年金事務所等に納めます。給与から控除することができる保険料は、前月分の保険料になります。ただし、被保険者が退職等でその事業所に使用されなくなったときは、前月分とその月分の保険料を控除することができます。

◆◆◆ ワンポイント ◆◆◆

保険料の被保険者負担分の控除のしかた

　当月の賃金から当月分の保険料を控除する会社もありますが、これは違法です。控除することができるのは、前月分の保険料です。ただし、被保険者が退職等でその事業所に使用されなくなったときは、前月分とその月分の保険料を控除することができます。（健康保険法第167条）

入社時の社会保険料の控除

　社会保険の資格取得日は入社した日です。そして入社した日の属する月から社会保険料がかかります。（社会保険料は月単位なので、月の途中入社だからといって日割計算はしません。）たとえば、給与支給日が25日の場合、4月に入社した人（4月1日から4月30日までに入社した人）の4月分の社会保険料は5月25日に支給される賃金から控除されることになります。

　なお、社会保険料は月単位ですので、月の途中入社だからといって日割計算はしません。たとえば、4月1日入社の者、4月15日入社の者、4月30日入社の者、いずれも4月分として1か月分の保険料を納めます。

退職時の社会保険料の控除

① 　月の途中で退職する場合

　　被保険者資格の喪失日は、退職した日の翌日になります。資格喪失日の属する月の社会保険料は徴収せず、前月分まで徴収します。

　　たとえば、退職日が12月25日とすると、資格喪失日は12月26日になり、12月分の社会保険料は徴収しません。

② 　月末に退職する場合

　　月末に退職する場合、資格喪失日は退職日の翌日なので翌月1日となります。社会保険料は資格喪失日の属する月の前月分まで徴収しますから、退職日の属する月の社会保険料は徴収します。たとえば、退職日が12月31日とすると、資格喪失日は1月1日になり、12月分の社会保険料は徴収することになります。なお、当月の給与から控除できるのは前月分のみですが、退職の場合に限り当月分も控除できますので、この場合、12月に支給される給与から11月分と12月分の2か月分の社会保険料を控除することができます。

Q79 賞与に対する社会保険料は、どのように計算するのですか？

 賞与からも毎月の賃金と同様の保険料を納めます。
保険料の対象となる賞与の額は、被保険者に支給される賞与の1,000円未満を切り捨てた額で、これを標準賞与額といい、各々の保険料は、これに各保険料率を掛けて求めます。（健康保険法第43条の2）

　たとえば、賞与額が、238,560円のAさん（25歳・介護保険料なし）の場合の賞与に対する健康保険料と厚生年金保険料は次のようになります。
① 標準賞与額：238,000円（賞与の額の1,000円未満を切り捨て）
② 健康保険料：238,000円×100／1,000＝23,800円（Aさんの個人負担分は、11,900円）
③ 厚生年金保険料：238,000円×183.00／1,000＝43,554円（Aさんの個人負担分は、21,777円）

標準賞与額の上限
　標準賞与額には、支給1回ごとの上限が次のように定められています。
　　健康保険・・・・・・・・標準報酬額の累計額が573万円まで
　　厚生年金保険・・・・・・150万円

賞与の社会保険料控除
　賞与にかかる保険料は、資格取得月（資格取得日前を除く）以降に支給された賞与から保険料の対象となり、資格を喪失した月の賞与は対象となりません。
　たとえば、8月15日に賞与が支給された場合、上のCさん（退職日8月29日 ⇒ 資格喪失日8月30日）の賞与からは社会保険料の控除はしませんが、Dさん（退職日8月31日 ⇒ 資格喪失日9月1日）の賞与からは社会保険料を控除します。

賞与支払届を忘れずに

　賞与を支給したときは、事業主は「被保険者賞与支払届」に被保険者ごとの標準賞与額を記入して、支給日から５日以内に「総括表」と合わせて提出します。賞与支払予定月に、賞与の支払いがなかった場合でも、総括表に「不支給」の旨を記入し、届け出なければなりません。

第12章　労　　働　　保　　険
（労働者災害補償保険・雇用保険）

第1節　労働者災害補償保険

Q80 当社は、農産物の生産・加工・販売を一体となって展開する、いわゆる6次産業化した法人企業です。労災保険率の適用は、どのように判断するのですか？

A 労災保険において、事業とは、一定の場所においてある組織のもとに相関連して行われる作業の一体をいいます。個々の事業に対する労災保険率の適用については、①事業の単位、②その事業が属する事業の種類、③その事業の種類に係る労災保険率の順に決定します。

事業の単位

　一定の場所において、一定の組織の下に相関連して行われる作業の一体は、原則として一の事業として取り扱います。

事業の種類

　一の事業の「事業の種類」の決定は、主たる業態に基づき「労災保険率適用事業細目表」により決定します。

　なお、複数の業態が混在している場合に何を「主たる業態」とするかという判断は、売上高、収入高で決定します。（従事する労働者の賃金の多寡で判断はしません。）

　また、事務専従者は、業務そのものに生産性がないので、主たる業種に含みます。

例１：同一場所で複数の業態が混在する場合（その１）

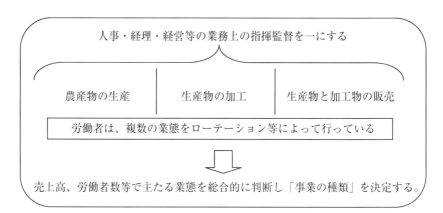

例２：同一場所で複数の業態が混在する場合（その２）

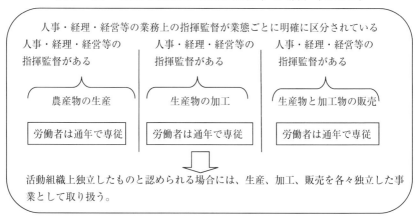

例３：場所的に独立しているが、労働者が少なく、組織的に独立性があるとは言い難い場合

| 農産物販売所
労働者Ａが常駐している | ＜ | 本社事業所 |

　農産物販売所は、場所的に本社から独立しているが、労働者が少なく、組織的に直近の事業に対し独立性があるとは言い難く、本社事業所に包括して全体を一の事業として取り扱う。

継続事業と有期事業

　工場、事務所、店舗等の事業の性質上事業の期間が一般的には予定し得ない事業を継続事業といいます。反対に、木材の伐採事業、建物の建築の事業等事業の性質上一定の目的を達するまでの間に限り活動を行う事業を有期事業といいます。

　継続事業については、同一場所にあるものは分割することなく一の事業とし、場所的に分離されているものは別個の事業として取り扱います。

　ただし、同一場所にあっても、その活動の場を明確に区分することができ、経理、人事、経営等業務上の指揮監督を異にする部門があって、活動組織上独立したものと認められる場合には、独立した事業として取り扱います。

　また、場所的に独立しているものであっても、出張所、支所、事務所等で労働者が少なく、組織的に直近の事業に対し独立性があるとは言い難いものについては、直近の事業に包括して全体を一の事業として取り扱います。有期事業については、当該一定の目的を達するために行われる作業の一体を一の事業として取り扱います。

労災保険は、どのような保険ですか？

 労災保険は、従業員の業務上及び通勤途上の負傷、疾病、障害、死亡等に対して必要な保険給付を行うことを主な目的としています。

労災保険の目的

　労災保険は、従業員の業務上及び通勤途上の負傷、疾病、障害、死亡等に対して必要な保険給付を行うことを主な目的としています。

　労働基準法は、従業員が労働災害を被った場合には事業主が補償することを義務付けています。そしてその補償給付を確実に行うために、労災保険に強制的に加入させているのです。

　また、通勤途上の事故については、災害補償義務はありませんが、労災保険では給付の対象となっており、給付内容は、業務上災害の場合とほとんど同じです。通勤災害に関する保険給付は、労働基準法の災害補償責任を基礎とするものではないので、「補償」の文字が使われません。

主たる目的	①　業務災害に関する保険給付 ②　通勤災害に関する保険給付 ③　二次健康診断等給付
付帯目的	①　社会復帰促進等事業・・・労災病院の設置・運営等 ②　被災労働者等援護事業・・・特別支給金・労災就学援護費等 ③　その他

労災保険の適用事業

　労災保険は、国の直営事業など適用除外とされている一部の事業を除いて、労働者を使用するすべての事業を適用事業としています。ただし、災害発生率の低い小規模な事業は、当分の間、法律上当然には労災保険が適用されず、その加入は事業主又は労働者の意思に任されています。これを暫定任意適用事業といい、農林水産業の一部で、農業では、常時５人未満の労働者を使用する個人経営の事業ですが、①一定の危険又は

有害な作業を主として行う事業、②事業主が特別加入している事業、は強制適用事業となります。

　したがって、他産業では労災保険は強制適用ですが、農業の場合、常時5人以上の従業員を使用している個人事業と法人事業が強制適用となります。

　保険の成立日は、強制適用事業は、事業開始日（労働者を雇入れた日）が自動的に保険の成立日になりますが、暫定任意適用事業は、厚生労働大臣の認可があった日です。

労災保険の適用範囲

労基法上の労働者（本来の適用対象）		労基法上の労働者以外の者	
強制適用事業（暫定任意適用事業及び国の直営事業以外）の労働者	暫定任意適用事業の労働者 農林水産業の一部で農業では、常時5人未満の労働者を使用する個人経営の事業	国の直営事業で働く者	特別加入の対象者 ①中小事業主等（中小事業主及び家族従事者） ②一人親方等自営業者及び家族従事者 ③特定作業従事者 ④海外の事業場に派遣される労働者
事業が開始されると自動的に保険に加入する	任意加入の認可申請に基づいて保険加入	それぞれの制度により保護される	政府に対し申請し承認されることを要する

労災保険の給付の流れ

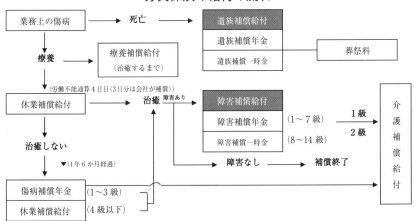

221

労災保険による主たる給付

療養する場合	療養費	療養費の全額
	休業（補償）給付	休業4日目から休業1日につき給付基礎日額の60%
	傷病（補償）年金	療養開始後1年6か月経過しても治らずにその傷病が重い場合、給付基礎日額の313日（1級）〜245日分（3級）の年金
障害が残った場合	障害（補償）年金	給付基礎日額の313日分（1級）〜131日分（7級）の年金
	障害（補償）一時金	給付基礎日額503日分（8級）〜56日分（14級）の一時金
	障害（補償）年金差額一時金	障害（補償）年金の受給権者が死亡した場合、すでに支給された障害（補償）年金等の額が一定額に満たない時に、その差額が遺族に支給される
	介護（補償）給付	要介護状態になって、介護を受ける費用を支出した場合に支給する
死亡した場合	遺族（補償）年金	遺族数に応じ給付基礎日額の245日分〜153日分
	遺族（補償）一時金	遺族補償年金受給資格者がいない場合、その他の遺族に対し給付基礎日額の1,000日分の一時金
	葬祭料（葬祭給付）	315,000円＋給付基礎日額の30日分（最低保障額は給付基礎日額の60日分）

※　通勤災害に関する保険給付は、労働基準法の災害補償責任を基礎とするものではないので、「補償」の文字を使いません。

特別支給金の種類

保険給付	特別支給金	
	一般の特別支給金	ボーナス特別支給金
休業（補償）給付	休業特別支給金（休業給付基礎日額の100分の20）	なし
傷病（補償）年金	傷病特別支給金（114万円（第1級）～100万円（第3級）の一時金）	傷病特別年金（算定基礎日額※の313日分（第1級）～245万円（第3級）の年金）
障害（補償）年金	障害特別支給金（342万円（第1級）から8万円（第14級）の一時金）	障害特別年金（算定基礎日額※の313日～131日分の年金）
障害（補償）一時金		障害特別一時金（算定基礎日額※の503日分～56日分の一時金）
遺族（補償）年金	遺族特別支給金（300万円の一時金）	遺族特別年金（遺族数に応じ算定基礎日額※の245日分～153日分）
遺族（補償）一時金		遺族特別一時金（算定基礎日額※の1000日分の一時金）
障害（補償）年金差額一時金	なし	障害特別年金差額一時金（障害（補償）年金差額一時金の受給権者に支給される。）

※ 特別支給金は、労災保険の付帯目的である被災労働者等援護事業から、保険給付に付加して支給されます。
※ 算定基礎日額は、被災日以前1年間に支払われた特別給与の総額（算定基礎年額）を365で割ったもの。ただし、特別給与の総額が①給付基礎日額×365×20％又は②150万円のいずれか低い方を超えるときは、①②のいずれか低い方の額を算定基礎年額とする。

会社主催の親睦会（任意参加）の参加中のケガは、労災と認められますか？

 参加することが強制されていない会社主催行事に参加することは、原則として業務としては扱われません。

　会社主催の催事が業務として扱われるどうかは、
①会社主催のもとに定期的に行われているか
②事業の運営に必要と認められるか
③参加にあたり通常の出勤と同様の扱い（旅費・日当の支給等）がなされているか
　これらがいずれも肯定的に認められると、催事の参加が業務として取り扱われることになります。

業務災害とは

　業務上の傷病等と認められるには、第一次的に「業務遂行性」が認められなければならず、第二次的に「業務起因性」が成立しなければならないとされています。

1．業務遂行性

　業務遂行性とは、労働者が労働関係のもとにあること、すなわち、労働者が労働契約に基づいて事業主の支配下にあることをいいます。
　たとえば、出張中は、「事業主の支配下にあるが、管理下を離れて業務に従事している場合」とされ、業務遂行性は認められるとされています。

2．業務起因性

　業務起因性とは、業務と傷病等との因果関係をいいます。業務災害には、業務と傷病等の間に相当因果関係がなければならないとされています。

3．業務上外の認定

① 作業中	大部分は業務災害
② 作業の中断中	生理的必要行為（用便・飲水等、業務行為ではないが、その行為がなければ業務の遂行に支障が出るおそれがあるもの）は業務に付随する行為とされる。
③ 作業に伴う準備行為又は後始末中	通常、業務行為に付随する行為とされる。
④ 休憩時間中	休憩時間中の災害が事業場施設の起因することが証明されれば、業務起因性が認められる。
⑤ 出張中	出張過程の全過程について事業主の支配下にあり、積極的な私用・私的行為・恣意行為を除き業務遂行性が認められる。
⑥ 天災事変による災害	例外を除き業務起因性は認められない。

Q83　健康保険で労災事故の治療を受けてしまった場合、どうなりますか？

A　治療費は、最終的には労災保険で支払われます。

　仕事中にケガをしたのに健康保険で医師の治療を受けることがあります。この時、病院が負傷の事情を詳しく確認しないで治療し、その費用を社会保険に請求すると、社会保険からその医療費が病院に支払われることになります。

　レセプト点検事務センターで、この医療費が「労災事故による可能性がある」と判断すると、全国健康保険協会又は健康保険組合を通じて被保険者（負傷した本人）に負傷の原因を調査します。

　調査の結果、労災事故であると判明すると、社会保険から病院に支払った医療費を、被保険者から返却させます。被保険者の支払った医療費は、労災保険の請求書（療養補償給付たる療養の費用請求書）の必要事項を記載した後、①事業主の証明を受け、②全国健康保険協会又は健康保険組合に支払った領収書と診療明細書（レセプト）を添付して労働基準監督署に請求すれば戻ってきます。

●◆◆◆　ワンポイント　◆◆◆●◆◆◆◆◆◆◆◆◆◆◆◆◆◆◆◆◆◆◆

安全配慮義務

　安全配慮義務は、使用者が労働契約上、労働者に対して負っている「使用者の設置にかかる場所、施設、器具等の設置管理、または使用者の指示のもとに行う業務管理にあたって、労働者の生命および健康などを危険から保護するよう配慮すべき義務」のことで、具体的には、使用者は労働者に対して次の①から③の安全配慮義務を負っています。

　安全配慮義務に反した場合、使用者は民事上の損害賠償責任を負う場合があり、事業主に多額の損害賠償を命じる判例は多数存在します。

　①　物的・環境的危険防止義務

　②　作業行動上の危険防止義務

　③　作業内容上の危険防止義務

＜安全配慮義務違反の具体例＞

1　保護帽をかぶらず溶解炉内壁の調査作業をしている際、落下物により労働者が頭部を受傷

　　理由）使用者は安全対策上当然必要であると考えられる保護帽を備え付け、これを着用させるべき義務を怠った。

2　電力会社の保守役が架空高圧線の工事に従事中に感電死

　　理由）使用者は労働者に十分な保護具を着用させていなかった。さらに安全教育も不十分であった。

3　砂利採取現場でダンプカーの車輪が玉石に乗り上げ、急激にハンドルを取られたため事故になった。

　　理由）使用者は使用する車の性能に応じ、路面の整備をし、未然に事故を防止する義務を怠った。

＜参　考＞

　労働契約法第5条

　使用者は、労働契約に伴い、労働者がその生命・身体等の安全を確保しつつ労働することができるよう、必要な配慮をするものとする。

労災保険に未加入です。昨日従業員が作業中に大ケガをしました。労災保険で治療を受けることはできますか？

 強制適用事業（法人事業、従業員常時５人以上の個人事業）は、労災保険で治療を受けられます。

強制適用事業の場合

　事業主が、労災保険の加入手続き（労災保険に係る保険関係成立届の提出）をしない間に、労働者が労災事故を被った場合であっても、基本的には、被災労働者は労災保険で治療を受けることはできます。

　ただし、事業主が故意（※１）または重大な過失（※２）により労災保険に係る保険関係成立届の提出を怠っていた期間中に発生した業務災害または通勤災害についてはペナルティがあります。

　※１故意・・・労災保険の加入手続きについて行政機関から指導等を受けたにも係らず、手続きを行わない期間中に業務災害や通勤災害が発生した場合

　　　⇒　当該災害に関して支給された保険給付額の100％を徴収

　※２過失・・・労災保険の加入手続きについて行政機関から指導等を受けていないものの、労災保険の適用事業となったときから１年を経過して、なお手続きを行わない期間中に業務災害や通勤災害が発生した場合

　　　⇒　当該災害に関して支給された保険給付額の40％を徴収

暫定任意適用事業の場合

　農業のうち個人経営で従業員が５人未満、かつ危険・有害作業をともなわない事業所は、暫定任意適用事業といい、労災保険が任意加入となっています。そして、この事業所が任意加入の申請をしていないために労

災保険の適用事業所として認可を受けていないときは、その事業所で働く人々は労災保険による補償が受けられないことになります。

　したがって、これらの事業所で働く労働者が万一業務上の災害で傷病を被ったときは、労働基準法による災害補償により、事業主が補償責任を果たすことになります。

◆◆◆　**ワンポイント**　◆◆◆◆◆◆◆◆◆◆◆◆◆◆◆◆◆◆◆◆◆◆◆◆◆◆◆◆

事故を防ぐためには

　農業に限らず、事故は毎日繰り返す作業のちょっとした油断から起きるものです。この業務中の事故は、作業手順を厳守することによってかなりの部分が防げるものです。たとえば電車やバスの運転手が行う「指差し確認」は、はたから見ていると愚直なほどの丁寧さですが、万が一事故を起こすと大惨事になりかねない責任の重い仕事ゆえ、作業手順の厳守は徹底しています。業務中の事故は慣れた頃が一番起き易いといいます。いつもいつまでも初心を忘れず「指差し確認」を続けていく心得はどんな仕事をする上でも大切です。

帰宅途中理髪店に寄って、自宅に帰る途中の事故は、通勤災害と認められますか？

 原則として通勤災害として認められます。

　通勤行為は、原則として会社と住居との間をストレートに往復する行為であり、その通勤経路をはずれたり、通勤行為を途中でやめる（通勤行為と関係のない、たとえば映画館に寄るというようなこと）場合は、通常、通勤行為と認められません。

　例外として、通勤途上の行為が「日常生活上必要な行為であって厚生労働省令で定めるものをやむを得ない事由により行うための最小限度のものである」場合には、その行為を終わった後の行為は通勤として認めています。

　この厚生労働省令で定めるやむを得ない事由とは、「日用品の購入その他これに準ずる行為」として具体的に次のような行為です。

　①　帰途で惣菜等を購入する場合
　②　独身者が食堂に食事に立ち寄る場合
　③　クリーニング店に立ち寄る場合
　④　理・美容のため理髪店又は美容院に立ち寄る行為
等です。

　したがって、会社の帰宅途中に理髪店に立ち寄る行為は、日常生活上必要な行為で、やむを得ない事由により行うための最小限度のものと認められ、当該行為を終え、合理的な経路に復した後の災害は、通勤災害として認められることとなります。

労働者災害補償保険法第 7 条（通勤の定義）

① 通勤とは、労働者が就業に関し、住居と就業の場所との間を、合理的な経路及び方法により往復することをいい、業務の性質を有するものを除くものとする。

② 労働者が、往復の経路を逸脱し、又は往復を中断した場合においては、当該逸脱又は中断の間及びその後の往復は、通勤としない。ただし、当該逸脱又は中断が日常生活上必要な行為であって厚生労働省令で定めるものをやむを得ない事由により行うための最小限度のものである場合は、当該逸脱又は中断の間を除き、この限りでない

第2節　雇用保険

Q86　雇用保険は、どのような保険ですか？

Ⓐ　雇用保険は、従業員が失業した場合に必要な給付を行うことを主な目的としており、従業員を1人以上雇用している事業者は、原則として適用事業となります。

農業は、法人や個人経営でも従業員が常時5人以上の事業所は、強制適用となりますが、個人経営で従業員が常時5人未満の事業所は、暫定任意適用事業といい、加入は任意となっています。また、従業員の2分の1以上が希望するときは、事業主は任意加入の手続きをしなければならないことになっています。

雇用保険の失業等給付の種類

求職者給付	就職促進給付	教育訓練給付	雇用継続給付
基本手当、技能習得手当(受講手当、特定職種受講手当、通所手当)、寄宿手当、傷病手当、高年齢求職者給付金、特例一時金、日雇労働求職者給付金	就業手当、再就職手当、常用就職支度金、移転費、広域求職活動費	教育訓練給付金	高年齢雇用継続給付、育児休業給付、介護休業給付

求職者給付の基本手当

求職者給付の基本手当は、就職の意思と能力を有するにもかかわらず就業に就くことができない状態にある場合に支給を受けることができます。基本手当の日額は、離職前6か月に支払われた賃金の1日当たりの金額の約45％〜80％で、低所得者の給付率を高くしています。

受給資格者が基本手当の支給を受けることができる日数を所定給付日数といい、これは受給資格者が、①特定受給資格者（※1）であるか否か、②特定理由離職者（※2）であるか否か、③就職困難者であるか否か、④算定基礎期間（※3）、⑤年齢によって、決定されます。

※1　特定受給資格者とは、倒産に伴い離職した者、事業所の廃止に伴い離職した者、事業所の移転により離職した者、解雇（自己の責めに帰すべき重大な理由による解雇を除く。）により離職した者　等

※2　特定理由離職者とは、①期間の定めのある労働契約の期間が満了し、かつ、当該労働契約の更新がないことにより離職した者（その者が当該更新を希望したにもかかわらず、当該更新についての合意が成立するに至らなかった場合に限る。労働契約において、契約更新条項が「契約の更新をする場合がある」とされている場合など、契約の更新について明示はあるが契約更新の確認まではない場合がこの基準に該当します。）②体力の不足、心身の障害、疾病・負傷等により離職した者　等

※3　算定基礎期間とは、原則として、受給資格者が、離職の日まで引き続いて同一の事業主の適用事業に被保険者として雇用された期間です。前の適用事業での被保険者資格を喪失した日後1年以内に、後の適用事業所で被保険者資格を取得した場合に限り、前後の被保険者であった期間を通算することができます。

離職理由の判断手続きの流れ

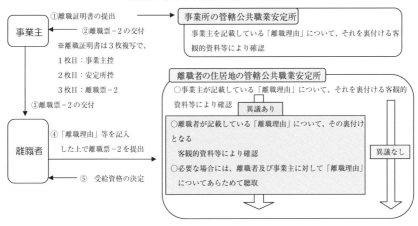

基本手当の給付日数

区分		算定基礎期間	1年未満	1年以上 5年未満	5年以上 10年未満	10年以上 20年未満	20年以上
特定受給資格者及び特定理由離職者	30歳未満		90日	90日	120日	180日	—
	30歳以上35歳未満			120日	180日	210日	240日
	35歳以上45歳未満			150日		240日	270日
	45歳以上60歳未満			180日	240日	270日	330日
	60歳以上65歳未満			150日	180日	210日	240日
特定受給資格者以外	一般の受給資格者(全年齢)		—	90日		120日	150日
	就職困難者	45歳未満	150日	300日			
		45歳以上60歳未満		360日			

基本手当の給付率と上限額（令和４年８月現在）

年　　齢	給　付　率	上　限　額
30歳未満	失業前賃金の80〜50％	6,835円
30歳以上45歳未満		7,595円
45歳以上60歳未満		8,355円
60歳以上65歳未満	失業前賃金の80〜45％	7,177円

高年齢雇用継続給付とは、どのような給付金ですか？

高年齢雇用継続給付は、雇用保険の被保険者であった期間が5年以上ある60歳以上65歳未満の一般被保険者が、原則として60歳以降の賃金が60歳時点に比べて、75％未満に低下し、かつ支給限度額未満の状態で働き続ける場合に支給されます。（雇用保険法第61条）

1．受給資格

(1)　60歳到達日（60歳の誕生日の前日）において被保険者であった場合

①　60歳以上65歳未満の一般被保険者であること

②　被保険者であった期間が通算して5年以上あること

(2)　60歳到達日において被保険者でなく、それ以降の再就職により被保険者となった場合

①　60歳到達前の離職した時点で、被保険者であった期間が通算して5年以上あること

②　60歳到達前の離職した日の翌日が、60歳到達後に再雇用された日の前日から起算して1年以内（基本手当に係る受給期間の延長を行っている場合は、その受給期間内）にあること

③　②の期間に基本手当（再就職手当、傷病手当を含む。）又は特例一時金を受給していないこと

2．支給要件

受給資格者が、「支給対象期間」の一般被保険者として雇用されている各月において、次の要件を満たしている場合に支給の対象となります。

①　各月に支払われた賃金額が、原則として60歳到達時等の賃金月額の75％未満であること

②　各月に支払われた賃金額が364,595円未満であること

③　各月について、育児休業給付又は介護休業給付の支給を受けることができないこと

３．支給額

⑴　支給額は、支給対象月ごとに、賃金の低下率に応じて決定されます。なお、支給限度額や最低限度額により、減額される場合や支給されない場合もあります。

⑵　各月に支払われた賃金額と高年齢雇用継続基本給付金の合計額が支給限度額364,595円を超えるときは、超えた額を減じて支給されます。

⑶　高年齢雇用継続基本給付金の支給額が、最低限度額2,125円を超えない場合には、支給されません。

⑷　支給限度額及び最低限度額は毎年８月１日に変更される場合があります。

４．支給対象期間

高年齢雇用継続基本給付金の支給対象期間は次のとおりです。

①　60歳到達日の属する月から、65歳に達する日の属する月までの期間

②　60歳到達時に受給資格を満たしていない場合は、受給資格を満たした日の属する月からとなる

③　60歳到達時に被保険者でなかった者は、新たに雇用され被保険者資格を取得した日又は受給資格を満たした日の属する月からとなる

５．支給申請手続き

高年齢雇用継続給付の支給を受けるためには、原則として、事業所を管轄する公共職業安定所に２か月に一度、支給申請書を提出します。支給申請書の提出は、初回の支給申請を除いて指定された支給申請月中に行わなければならず、提出期限を過ぎると支給が受けられなくなります。

支給申請の初回時には「高年齢雇用継続給付受給資格確認票・(初回)高年齢雇用継続給付支給申請書」用紙を使用します。

添付書類として、賃金証明書の記載内容を確認できる書類(賃金台帳、労働者名簿、出勤簿等)及び被保険者の年齢が確認できる書類等(運転免許証か住民票の写し)が必要になります。(「高年齢雇用継続基本給付

金」の支給申請の初回時には「雇用保険被保険者六十歳到達時等賃金証明書」の添付も必要になります。）

（例）誕生日が６月22日で、60歳到達時点で被保険者期間が通算して５年以上を満たした場合

ワンポイント

60歳到達時点において受給資格を満たさなかった場合

　60歳到達時点において被保険者であった期間が通算して５年に満たないため、受給資格が確認されなかった場合でも、その後被保険者であった期間が通算して５年を満たした時点で、再度手続きを行うことにより受給資格の確認を受けることができます。ただし、この場合は受給資格を満たした時点における賃金月額が登録されることになる（60歳時点の賃金ではない）ので注意が必要です。

Q88　育児休業給付とは、どのような給付金ですか？

A　雇用保険の被保険者が育児休業を取得し、その育児休業中に支払われる賃金が、育児休業開始時の賃金に比べて80％未満である等、一定の要件を満たした場合に育児休業基本給付金が支給されます。（雇用保険法第61条の４）

1．受給資格

　育児休業給付金は、雇用保険の被保険者が１歳（支給対象期間の延長に該当する場合は、最長で２歳）未満の子を養育するために育児休業を取得した場合に、休業開始前の２年間に賃金支払基礎日数11日以上ある月※が12月以上あれば、受給資格の確認を受けることができます。

　※目安としては、週３日以上勤務する方が対象となります。

2．支給要件

・育児休業期間中の各１か月に、休業開始前の１か月当たりの賃金の８割以上の賃金が支払われていないこと

・就業している日数が各支給対象期間に10日以下であること（平成26年10月より10日を超える就業をした場合であっても就業していると認められる時間が80時間以下の場合は支給）

3．支給額（支給対象期間（１か月）当たり）

> 賃金日額×支給日数（30日※）×67％
> 　　　（育児休業の開始から６か月経過後は50％）
> 　　※休業終了日の属する支給対象期間は、その日数

・「賃金日額」は、育児休業開始前６か月の賃金を180で除した額。ただし、この額に30日を乗じた「賃金月額」が455,700円を超える場合は、

455,700円となる。（「賃金月額」が79,710円を下回る場合は、79,710円）
育児休業基本給付金の上限額は305,319円（455,700円×67％）となる。
・各支給対象期間中（1か月）の賃金の額と「賃金日額×支給日数×67％
（育児休業の開始から6か月以上経過後は50％）」との合計額が「賃金
日額×支給日数」の80％を超えるときは、当該超えた額が減額されて
支給される。

例）育児休業前の1か月当たりの賃金が30万円で10か月間休業した場合
　育児休業基本給付金（1か月当たり）・・・30万円×67％＝20.1万円
　　　　　　　　　　　　　　（6か月経過後は、30万円×50％＝15万円）

3．手続き

　事業主は、被保険者が休業を開始したときは、休業を開始した日の翌
日から10日以内に、「休業開始時賃金月額証明書」及び「育児休業給付受
給資格確認票・（初回）育児休業給付金支給申請書」を管轄ハローワーク
に提出します。
・育児休業給付金・・・2か月に1回申請します。
・添付書類として、①賃金台帳、②出勤簿、③母子健康手帳　が必要で
す。

Q89　介護休業給付とは、どのような給付金ですか？

Ａ　介護休業給付は、家族を介護するための休業をした場合に介護休業開始日前２年間に、賃金支払基礎日数11日以上ある月が12月以上ある方が支給の対象となります。

1．対象となる家族

① 　被保険者の配偶者（内縁を含む）

② 　被保険者の父母（養父母を含む）

③ 　被保険者の子（養子を含む）

④ 　被保険者の配偶者の父母

⑤ 　被保険者の祖父母、兄弟姉妹及び孫

2．支給要件

・介護休業期間中の各１か月に、休業開始前の１か月当たりの賃金の８割以上の賃金が支払われていないこと

・就業している日数が各支給対象期間に10日以下であること

3．支給額（支給対象期間１か月当たり）

> 賃金日額×支給日数（30日※）×67％

　※休業終了日の属する支給対象期間は、その日

・「賃金日額」は、介護休業開始前６か月の賃金を180で除した額。ただし、この額に30日を乗じた「賃金月額」が501,300円を超える場合は、492,300円となる。（「賃金月額」が79,710円を下回る場合は、79,710円）介護休業給付金の上限額は335,871円（501,300円×67％）となる。

・各支給対象期間中（１か月）の賃金の額と「賃金日額×支給日数×67％」との合計額が「賃金日額×支給日数」の80％を超えるときは、当該超えた額が減額されて支給される。

4．支給対象となる介護休業

介護休業給付金は、以下の⑴及び⑵を満たす介護について支給対象となる家族の同一要介護につき1回の介護休業期間（ただし、介護休業開始日から最長3か月間）に限り支給します。

⑴　負傷、疾病又は身体上もしくは精神上の障害により、2週間以上にわたり常時介護（歩行、排泄、食事等の日常生活に必要な便宜を供与すること）を必要とする状態にある「対象となる家族」を介護するための休業であること

⑵　被保険者がその期間の初日及び末日とする日を明らかにして事業主に申し出を行い、これによって被保険者が実際に取得した休業であること

5．複数回支給

同一の対象家族について介護休業給付金を受けたことがある場合であっても、要介護状態が異なることにより再び取得した介護休業についても介護休業給付金の対象となります。ただし、この場合は、同一家族について受給した介護休業給付金の支給日数の通算が、93日が限度となります。

6．手続き

事業主は、被保険者が休業を開始した日の翌日から10日以内に、「休業開始時賃金月額証明書」に賃金台帳、出勤簿等の記載内容を証明する書類を添えて管轄ハローワークに提出します。

介護休業給付金の支給申請は、介護休業終了日の翌日から2か月を経過する日の属する月の末日までに次の①から④の書類を添付して行います。

①　被保険者が事業主に提出した介護休業申出書

②　介護対象家族の方の氏名、申請書本人との続柄、性別、生年月日等が確認できる書類

③　介護休業の開始日・終了日、介護休業期間中の休業日数の実績が確

　認できる書類（出勤簿・タイムカード等）

④　介護休業期間中に介護休業期間を対象として支払われた賃金が確認
　できる書類（賃金台帳等）

第13章　社　会　保　険
（健康保険・厚生年金保険）

第1節　共通

Q90　健康保険は、どのような保険ですか？

A　健康保険は、従業員とその家族が病気やケガをした場合の医療の給付、従業員が病気やケガで休業したときの所得の補償、出産や死亡したときの費用の軽減などを主な目的としています。就業中や通勤途上の災害などによるケガや病気は、労災保険から給付されるので対象になりません。

なお、農業法人の代表者は、法人から報酬を受けている場合には、法人に使用される者として被保険者になります。

　健康保険は、従業員とその家族が病気やケガをした場合の医療の給付、従業員が病気やケガで休業したときの所得の補償、出産や死亡したときの費用の軽減などを主な目的としています。就業中や通勤途上の災害などによるケガや病気は、労災保険から給付されるので対象になりません。

1．被扶養者
　健康保険では、被保険者本人への保険給付のほかに、被扶養者についても保険給付を行います。

⑴　被扶養者の範囲
　①　被保険者の直系親族、配偶者（戸籍上の婚姻届がなくとも、事実上、婚姻関係と同様の人を含む）、子、孫、弟妹で、主として被保険者に生計を維持されている人※

　　※「主として被保険者に生計を維持されている」とは、被保険者

の収入により、その人の暮らしが成り立っていることをいい、かならずしも、被保険者といっしょに生活をしていなくてもかまいません。

② 被保険者と同一の世帯で主として被保険者の収入により生計を維持されている次の人

　　　　※「同一の世帯」とは、同居して家計を共にしている状態をいいます。

　　イ　被保険者の三親等以内の親族（①に該当する人を除く）

　　ロ　被保険者の配偶者で、戸籍上婚姻の届出はしていないが事実上婚姻関係と同様の事情にある人の父母および子

　　ハ　ロの配偶者が亡くなった後における父母および子

　　　　※ただし、後期高齢者医療制度の被保険者等である人は除きます。

2. 生計維持の基準について

「主として被保険者に生計を維持されている」、「主として被保険者の収入により生計を維持されている」状態とは、以下の基準により判断をします。

ただし、以下の基準により被扶養者の認定を行うことが実態と著しくかけ離れており、かつ、社会通念上妥当性を欠くこととなると認められる場合には、その具体的事情に照らし最も妥当と認められる認定を行うこととなります。

⑴ 認定対象者が被保険者と同一世帯に属している場合

認定対象者の年間収入が130万円未満（認定対象者が60歳以上またはおおむね障害厚生年金を受けられる程度の障害者の場合は180万円未満）であって、かつ、被保険者の年間収入の2分の1未満である場合は被扶養者となります。

なお、上記に該当しない場合であっても、認定対象者の年間収入が130万円未満（認定対象者が60歳以上またはおおむね障害厚生年金を受けられる程度の障害者の場合は180万円未満）であって、かつ、被保険者の年間収入を上回らない場合には、その世帯の生計の状況を果た

していると認められるときは、被扶養者となります。

(2)　認定対象者が被保険者と同一世帯に属していない場合

　　認定対象者の年間収入が130万円未満（認定対象者が60歳以上または おおむね障害厚生年金を受けられる程度の障害者の場合は180万円 未満）であって、かつ、被保険者からの援助による収入額より少ない 場合には、被扶養者となります。

(3)　「健康保険被扶養者（異動）届」に添付する書類（収入に関する書類）

　①　所得税法上の規定による控除対象配偶者または扶養親族となって いる者

　　　添付書類なし

　②　所得税法上の規定による控除対象配偶者または扶養親族となって いない者

　　イ　退職した者の場合：退職証明書または雇用保険被保険者離職票 のコピー

　　ロ　雇用保険の失業給付の受給者または終了者の場合：雇用保険受 給資格者証のコピー

　　ハ　年金受給者：現在の年金受取額のわかる年金額の改定通知書等 のコピー

　　上記イロハに該当しない者は、「課税（非課税）証明書」を添付して ください。

　　イロハに該当する者でも他に収入がある場合は、「課税（非課税）証 明書」を添付してください。

健康保険の被扶養者

要　　　件	被　扶　養　者　の　範　囲
生計維持関係のみ	①　直系尊属（父母、祖父母等） ②　配偶者（事実婚を含む） ③　子 ④　孫（曾孫は入らない） ⑤　弟妹（兄姉は入らない）
生計維持関係 ＋ 同一世帯に属する	①　被保険者の3親等内の親族 ②　事実上婚姻関係にある配偶者の父母及び子（祖父母、孫は入らない） ③　事実上婚姻関係にある配偶者が死亡した後の父母及び子

3．健康保険の主な保険給付

　被保険者（本人）に対する保険給付と被保険者の被扶養者（家族）に対する保険給付があります。健康保険の給付には下の表のものがあります。

　出産手当金と傷病手当金は、国民健康保険にはない健康保険制度の独自給付です。

	健康保険			国民健康保険	後期高齢者医療制度
	被保険者	任意継続被保険者	被扶養者		
療養の給付の一部負担額	医療費の3割（義務教育修学前の被扶養者は2割、70～74歳の後期高齢者医療制度の対象でない方は所得によって2割（年齢により1割）か3割）				所得によって医療費の1割か3割
・高額療養費 ・高額医療費	同じ月に同一の保険医療機関（入院・通院別、医科・歯科別）に支払った一部負担金等が自己負担限度額を超えたときに、請求によりその超えた額が払い戻されます。				
・埋葬料（費） ・家族埋葬料 ・葬祭費	<埋葬料>5万円 <埋葬費>埋葬料を受ける方がいない場合、埋葬を行った方に5万円の範囲内で埋葬に要した費用を給付		<家族埋葬料>被扶養者が亡くなった場合に被保険者に5万円給付	<葬祭費>葬祭を行った方に給付（支給額は各市区町村によって異なる）	
・出産育児一時金 ・家族出産育児一時金	出産した子1人につき42万円給付 なお、平成21年10月からは、協会けんぽから出産育児一時金を医療機関等に直接支払う仕組みになっています。したがって、まとまった出産費用を事前に用意する必要はありません。			出産した子1人につき給付（支給額は各市区町村によって異なる）	
出産手当金※	出産日（出産が予定日より遅れた場合は出産予定日）以前42日（多胎妊娠の場合98日）から出産日後56日の間、標準報酬日額の3分の2を給付				
傷病手当金※	業務外の病気やケガで労務不能になり継続して3日間仕事を休み、給料の支払いがない場合、4日目から1年6月間を限度に標準報酬日額の3分の2を給付	※退職した際、1年以上継続して被保険者であった方で、出産手当金または傷病手当金の給付を現に受けていた方は、継続して傷病手当金・出産手当金を受けることができます。			

4．医療費の自己負担分

　医療費の自己負担分は、被保険者の年齢や高齢者の場合には所得の多寡によっても違いがあります。自己負担分の割合は次表のとおりです。

　なお、被扶養者の割合も同じです。

医療費の自己負担分

就学未満	就学児以上 70歳未満	70歳〜74歳		75歳以上	
		現役並み 所得者※	一般所得者・ 低所得者	現役並み 所得者※	一般所得者・ 低所得者
2割	3割	3割	2割	3割	1割

※　現役並み所得者とは、標準報酬月額28万以上。ただし、夫婦2人世帯の年収が520万円（単身世帯の場合は383万円）未満の場合、申請により2割負担となる。

従業員が業務外の病気やケガで長期間休職した場合の所得の補償はありますか？

（A） 健康保険から「傷病手当金」が支給されます。（健康保険法第99条）

　傷病手当金は、健康保険の被保険者が病気またはケガの療養のため、働くことができず、そのために給料をもらうことができない場合に、休業中の被保険者の生活を保障するために支給されるものです。なお、任意継続被保険者の方は、傷病手当金は支給されません。（継続給付の要件を満たす者は除く。）

1．支給要件
　次のいずれにも該当している場合に支給されます。
①　療養のためであること
②　労務に服することができないこと
③　労務不能の日が継続して3日間（待期期間）あること
④　労務不能により報酬の支払がないこと

待期期間（労務不能日継続3日）とは

　傷病手当金は休業4日目から支給され、その前の3日間の休業日は待期期間といい、連続していなければなりません。

1　日 休	2　日 休	3　日 出	4　日 休	5　日 休	6　日 出	7　日 休	8　日 休	9　日 出

　上の場合は、休業が継続して3日間ないので、不支給です。

1　日 休	2　日 休	3　日 出	4　日 休	5　日 休	6　日 休	7　日 休	8　日 休	9　日 休

　上の場合は、4〜6日の3日間で待期期間が完了するので、7日目から支給

されます。

２．給付額

　１日につき、標準報酬日額（標準報酬月額の30分の１相当額）の３分の２相当額

　たとえば、標準報酬月額が18万円の被保険者の場合、標準報酬日額は６千円となり、傷病手当金の１日当たりの給付額は、６千円の３分の２の４千円となります。

３．給付期間

　同一の傷病について支給開始の日から１年６か月間

待期期間（３日間）	欠勤	出勤	欠勤	
	← 支給 →	← 不支給 →	← 支給 →	← 不支給

給付期間は　１年６か月が限度

４．支給調整

⑴　**事業主から報酬が受けられるとき**

　　傷病手当金は、報酬の全部又は一部を受けることができる者に対しては支給されません。ただし、報酬の額が傷病手当金の額より少ない場合はその差額が支給されます。

⑵　**出産手当金が支給されるとき**

　　傷病手当金は支給停止されます。

⑶　**障害厚生年金又は障害手当金※が支給されるとき**

　①　障害厚生年金の額を360で除して得た額が傷病手当金の額より少ない場合はその差額が支給されます。

　②　傷病手当金の額の合算額が障害手当金※の額に達するまでの間支給停止されます。

　　※障害手当金は、障害厚生年金３級より軽度の障害にある者に対し、
　　　一時金として支給されます。

⑷　**老齢又は退職を支給事由とする年金給付が受けられるとき**
　　支給される年金額が傷病手当金の額に満たないときはその差額が支
　給されます。

５．その他
・療養には、自宅静養や自費診療（保険外）の場合も含みます。
・傷病の状態が労務不能であれば、家事の副業に従事した場合でも支給
　されます。
・病原体保有者が隔離収容のため労務不能であるときは支給されます。

Q92 重い病気やケガで治療費が高額になっても3割の自己負担は変わりませんか？

 1か月の自己負担額が年齢や所得に応じた自己負担限度額を超えたときは、その超えた額が「高額療養費」として支給されます。（健康保険法第115条）

　高額療養費は、重い病気などで医療費の自己負担額が高額となった場合に、家計の負担を軽減できるように、一定の金額（自己負担限度額）を超えた部分が払い戻される制度です。入院の場合には現物給付としており、高額療養費算定基準額のみ支払えばよいことになります。

1．高額療養費の概要

・高額療養費の自己負担限度額に達しない場合であっても、同一月内に同一世帯で21,000円以上の自己負担が複数あるときは、これらを合算して自己負担限度額を超えた金額が支給されます。

・同一人が同一月内に2つ以上の医療機関にかかり、それぞれの自己負担額が21,000円以上ある場合も上と同様です。（70〜74歳の方がいる世帯では算定方法が異なります。）

・同一世帯で1年間（直近12か月）に3回以上高額療養費の支給を受けている場合は、4回目からは自己負担限度額が変わります。（多数該当）

・保険外併用療養費の差額部分や入院時食事療養費、入院時生活療養費の自己負担額は対象になりません。

2．自己負担限度額

	所得区分			世帯単位・同一月内
70歳未満	区分ア	健保：標準報酬月額83万円以上		252,600円＋［（医療費（※1）－842,000円）×1％］ （多数回該当（※2）の場合は140,100円）
		国保：年間所得901万円超		
	区分イ	健保：標準報酬月額53万～79万円		167,400円＋［（医療費（※1）－558,000円）×1％］ （多数回該当（※2）の場合は93,000円）
		国保：年間所得600万～901万円		
	区分ウ	健保：標準報酬月額28万～50万円		80,100円＋［（医療費（※1）－267,000円）×1％］ （多数回該当（※2）の場合は44,400円）
		国保：年間所得210万～600万円		
	区分エ	健保：標準報酬月額26万円以下		57,600円 （多数回該当（※2）の場合は44,400円）
		国保：年間所得210万円以下		
	区分オ	市区町村民税の非課税者		35,400円 （多数回該当（※2）の場合は24,600円）

	所得区分		個人ごと （外来のみ）	世帯単位・同一月内 （外来＋入院）
70歳以上75歳未満	現役並み所得者	現役並みⅢ （標準報酬月額83万円以上で高齢受給者証の負担割合が3割の方／課税所得690万円以上）	252,600円＋（総医療費－842,000円）×1％ （多数回該当の場合は140,100円）	
		現役並みⅡ （標準報酬月額53万～79万円で高齢受給者証の負担割合が3割の方／課税所得380万円以上）	167,400円＋（総医療費－558,000円）×1％ （多数回該当の場合は93,000円）	
		現役並みⅠ （標準報酬月額28万～50万円で高齢受給者証の負担割合が3割の方／課税所得145万円以上）	80,100円＋（総医療費－267,000円）×1％ （多数回該当の場合は44,400円）	
	一般所得者 （現役並み所得者・低所得者以外の方）		18,000円 （年間上限14.4万円）	57,600円 ［多数回該当：44,400円］
	低所得者	Ⅱ（※3）	8,000円	24,600円
		Ⅰ（※4）		15,000円

（※1）　医療費：総医療費（自己負担割合と給付割合を合計した10割分）のこと

（※2）　多数回該当：直近1年間で3か月以上高額療養費に該当した方が、4か月目以降の分を請求する場合

（※3）　被保険者が市区町村民税の非課税者等である場合です。

（※4）　被保険者とその扶養家族全ての方の収入から必要経費・控除額を除いた後の所得がない場合です。

３．医療費が高額になる場合のチャート図（75歳未満の方）

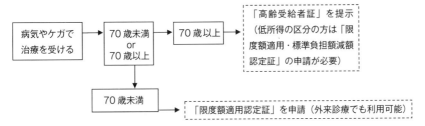

４．限度額適用認定証

　病気やケガで入院した場合は「限度額適用認定証」を医療機関窓口に
提出すれば、自己負担が一定の限度額を超えたときは、その自己負担限
度額だけ支払えばよいことになります。ただし、差額ベッド代等の保険
外自己負担や食事の一部負担金は対象になりません。

第2節　厚生年金保険・国民年金

Q93 農業者は、どのような公的年金制度に加入するのですか？

A 老後の生活の基盤となる公的年金は、加入している年金制度によって、受取る年金額が異なります。どの制度に加入するかは、おもに職業によって3種類に分けられます。農業に従事している者であっても、農業者、夫が会社員で妻が農業に従事する兼業農家、夫は農業法人の職員で妻はパートタイマーなど就業形態の違いによっても加入する年金は違います。

　農業者とその配偶者は、第1号被保険者です。農業法人の役職員は、第2号被保険者といい、第3号被保険者は、第2号被保険者20歳以上の全国民が加入を義務付けられています。これにより原則として誰もが65歳から老齢基礎年金を受取ることができます。2階部分は、民間の会社員及び公務員等が加入する「厚生年金」です。これらは国民年金と同じように強制加入となっています。農業者は、任意加入である農業者年金などに加入することによって2階部分をつくることができます。

被保険者の種別と加入する公的年金制度の関係

3階部分				厚生年金基金等（任意）	
2階部分	国民年金基金等（任意）	農業者年金（任意）	国民年金基金等（任意）	厚　生　年　金	
1階部分	国　　民　　年　　金				
種　別	第1号被保険者			第2号被保険者	第3号被保険者
職業等	林業、漁業その他の自営業者、学生など	農業者		農業法人、森林組合、林業会社、漁業会社等民間の会社の従業員や役員、公務員等	民間の会社員・公務員等の被扶養配偶者

ワンポイント

会社員の妻の保険料は誰が負担しているのか

　会社員の妻（第3号被保険者）の給付にかかる費用は、厚生年金保険料から毎年拠出されています。第3号被保険者は、所得がないという理由で保険料の負担はないので、第2号被保険者がその分を負担しています。厚生年金の保険料は、既婚者も独身者も同額で男女の差もないので、夫が妻との二人分を負担しているわけではありません。第3号被保険者の給付にかかる費用は、第2号被保険者全体で負担しているのです。同じように所得がないのに保険料を納めている農業者や自営業者の妻からすると不公平感があります。

Q94　老齢基礎年金は、どのようなしくみですか？

 国民年金は、原則として20歳以上60歳未満のすべての国民に加入が義務付けられ、65歳から老齢基礎年金が支給されます。

　老齢基礎年金は、原則として、①65歳に達したときに、②保険料納付済期間と保険料免除期間を合算して10年以上あるときに支給されます。また、特例として次の場合も支給要件を満たします。

保険料納付済期間[※1]＋保険料免除期間[※2]＋合算対象期間[※3]＝10年以上

※1　保険料納付済期間とは、第1号被保険者として保険料を納めた期間、第2号被保険者で20歳以上60歳未満の期間、第3号被保険者であった期間の合計。

※2　保険料免除期間とは、保険料納付の免除を認められた期間で、全額免除期間の年金額は1/2（平成21年3月分までは1/3）に、3/4免除期間の年金額は5/8（平成21年3月分までは1/2）、半額免除期間の年金額は6/8（平成21年3月分までは2/3）に、1/4免除期間の年金額は7/8（平成21年3月分までは5/6）になる。

※3　合算対象期間とは、受給資格期間には算入するが、実際の年金額の算定には反映されない期間。

受給額

　20歳から60歳になるまでの40年間の加入を限度とし、未納期間や免除期間に応じて減額されます。40年間のすべてが保険料納付済期間である者で満額の年金（年額777,800円／令和4年）を受給できます。

老齢基礎年金の受給額　＝　777,800円　×

$$\frac{（保険料納付済月数）＋（全額免除月数×1/2）＋（3/4免除月数×5/8）＋（半額免除月数×6/8）＋（1/4免除月数×7/8）}{480月}$$

厚生年金は、どのようなしくみですか？

 老齢厚生年金は、原則として65歳から受給でき、老齢基礎年金に上乗せして支給されます。

　厚生年金保険は被用者（民間会社に勤めるサラリーマン等）を対象に被保険者や被保険者であった者が老齢になったとき、病気やケガがもとで障害を負い働けなくなったとき、死亡して扶養している家族が残されたときなどに、基礎年金の上乗せ給付を支給することによって所得を補償することを主な目的とします。

　なお、農業法人の代表者は、法人から報酬を受けている場合には、法人に使用される者として被保険者になります。

基礎年金と厚生年金の保険給付

　基礎年金と厚生年金は、国民が①老齢になったとき、②障害者になったとき、③死亡したときに下の表の保険給付を行っています。

基礎年金と厚生年金の保険給付

老齢になったとき	60歳代前半から65歳まで特別支給の老齢厚生年金 65歳から老齢基礎年金と老齢厚生年金
障害者になったとき	障害基礎年金（1級、2級の障害者） 障害厚生年金（1級、2級、3級の障害者） 障害手当金（3級より軽度の障害がある者、障害厚生年金より支給）
死亡したとき	遺族が子のある妻や子のとき‥遺族基礎年金と遺族厚生年金 遺族が子のない妻、55歳以上の夫・父母・祖父母または孫のとき‥遺族厚生年金

　現在は、60～64歳の間は「特別支給の老齢厚生年金」が支給され、65歳から「老齢厚生年金」が支給されています。

老齢厚生年金の構成

60歳 61歳		65歳	
特別支給の老齢厚生年金 （報酬比例部分）		老齢厚生年金 （報酬比例部分）	
	特別支給の老齢厚生年金 （定額部分）	経過的加算※1	
		老齢基礎年金	

加給年金額※2

65歳

振替加算
妻の老齢基礎年金

※1 経過的加算‥60歳台前半の老齢厚生年金の定額部分の額と、65歳から支給される老齢基礎年金の額に差があるときに、その差額を老齢厚生年金に加算して支給します。

※2 加給年金額‥加入者に扶養者がいる場合に付加されます。加給年金額は、妻が65歳になって老齢基礎年金が支給されるようになると支給されなくなりますが、その分を「振替加算」として妻の老齢基礎年金にプラスして支給されるようになります。

在職老齢厚生年金は、どのようなしくみですか？

 60歳以上の在職中の人が受ける老齢厚生年金（特別支給の老齢厚生年金を含む）は、給料に応じて年金額が調整されて支給されます。

1．60歳以上70歳未満の在職老齢年金の支給額

年金月額から下の(2)の場合の支給停止額を除いた額が支給されます。在職老齢厚生年金が支給されるときは加給年金額は支給されますが、支給停止額が年金月額以上であるときは加給年金を含め全額支給停止となります。なお、老齢基礎年金および経過的加算については全額支給されます。

(1)　総報酬月額相当額（※1）と年金月額（※2）の合計額が47万円までは老齢厚生年金は全額支給されます。

(2)　合計額が47万円を超えるときは、超えた額の半額が支給停止されます。

　※1　総報酬月額相当額＝標準報酬月額＋（その月以前1年間の標準賞与額の総額÷12）

　※2　年金月額＝年金額（年額）を12で割った額。共済組合等からの老齢厚生年金も受け取っている場合は、日本年金機構と共済組合等からの全ての老齢厚生年金を合わせた年金額を12で割った額。

2．70歳以上の在職老齢年金の支給額

70歳以上の使用される者は、厚生年金保険の被保険者になれませんが、在職老齢年金については、「60歳以上70歳未満在職老齢年金」と同じしくみが適用されます。

すなわち、70歳に達すると厚生年金保険の被保険者資格は喪失しますが、70歳以降も、厚生年金の適用事業所に勤める場合、総報酬月額相当額と年金月額の合計額が47万円を超えるときは、超えた額の半額が支給

停止となります。

【手続き】

　平成19年４月１日以降、次の要件に該当する方を、引き続き雇用している事業主、または新たに雇用した事業主は、その従業員に係る雇用、退職または賃金等の額に関する届書を、年金事務所に提出します。

・70歳以上の方（昭和12年４月１日以前生まれの方を除く）

・厚生年金の適用事業所に常時（勤務日数および勤務時間が一般の従業員のおおむね４分の３以上）お勤めの方

・過去に厚生年金保険の加入期間を有する方（老齢厚生年金を受給しているかを問わない）

●●●◆ ワンポイント ◆●●◆●●◆●●◆●●◆●●◆●●◆

老齢厚生年金の繰り下げ

　65歳から老齢厚生年金を受けることができる方が、65歳からは受け取らずに、66歳以降に支給の繰り下げの申出をした場合は、そのときから増額された老齢厚生年金を受けることができます。

【対象となる方】

　平成19年４月１日以後に「65歳からの老齢厚生年金」を受けることができることとなった方であって、その日から１年以内に老齢厚生年金の請求をしていない方

※　60歳から65歳までの間、特別支給の老齢厚生年金を受けていた方も対象となります。

※　老齢厚生年金を受けることができることとなった日の翌日から１年以内に、遺族厚生年金や障害厚生年金等の受給権者となった方は対象となりません。

【手続き】

　支給を繰り下げることによって増額された老齢厚生年金を受けようとされる方は、所定の請求書を年金事務所へ提出します。

※　老齢基礎年金と老齢厚生年金の支給の繰り下げは、両方同時に申出することも、別々に申出することもできます。また、一方のみを申出することもできます。

Q97　障害厚生年金は、どのようなしくみですか？

Ⓐ　障害厚生年金は、初診日に厚生年金保険の被保険者である人が、その病気・ケガで障害認定日（初診日から１年６か月を経過した日か、その期間内に治るか症状が固定した日）に１級〜３級の障害が残った場合に支給されます。

　１級・２級の場合は、障害厚生年金に加えて障害基礎年金が支給されます。初診日に厚生年金保険の被保険者である人の病気・ケガが５年以内に治り、３級よりやや軽い障害が残った場合は、障害手当金が支給されます。

１．支給要件
　障害給付を受けるには、初診日の前日に、障害基礎年金の保険料納付要件を満たしていることが必要です。保険料納付要件は、初診日の属する月の前々月までに、国民年金の保険料を納めなければならない期間のうち、
① 滞納した期間が３分の１を超えていない
もしくは
② 直近１年間に滞納がない（初診日が平成28年４月１日以前で、初診日が65歳未満の場合）ことです。

２．支給額
　障害厚生年金の額は、障害の程度に応じて、次頁の図のように報酬比例の年金額に一定の率をかけた額で、65歳未満の配偶者がいるときは配偶者加給年金額が加算され、障害基礎年金には子の加算額が加算されます。（下記の図の　　の部分が障害基礎年金）

1級障害の場合

報酬比例の年金額×1.25 ＋ 配偶者加給年金額

＋ 障害基礎年金2級×1.25（972,250円）＋ 子の加算額

2級障害の場合

報酬比例の年金額 ＋ 配偶者加給年金額

＋ 障害基礎年金2級（777,800円）＋ 子の加算額

3級障害の場合

報酬比例の年金額

3級より軽い場合（障害手当金：一時金）

報酬比例の年金額×2.0

※　なお、配偶者加給年金額および子の加算額は下記のとおりです。

配偶者加給年金額：223,800円

子の加算額：1人目・2人目各223,800円、3人目以降の子：各74,600円

◆◆◆ ワンポイント ◆◆◆

保険料納付要件を満たせない場合とは

たとえば、国民年金の第1号被保険者である学生時代に保険料を滞納していた者が、就職して厚生年金保険に加入した直後に疾病にかかったり負傷した場合は、保険料納付要件を満たしていないため、障害厚生年金は支給されません。なお、学生が保険料を納めることが困難な場合には「国民年金学生納付特例制度」があり、これを利用していれば支給されます。

遺族厚生年金は、どのようなしくみですか？

 遺族厚生年金は、次の場合に、その遺族に支給されます。

① 厚生年金保険の被保険者が死亡したとき
② 厚生年金の被保険者だった人が、被保険者期間中に初診日のある病気・ケガがもとで初診日から5年以内に死亡したとき
③ 1級・2級の障害厚生年金の受給者が死亡したとき
④ 老齢厚生年金の受給者か受給資格期間を満たした人が死亡したとき
　上記①②の場合に遺族厚生年金を受けるには、死亡した人が死亡した日の前日に、遺族基礎年金の保険料納付要件を満たしていることが必要です。保険料納付要件は、死亡した日の属する月の前々月までについて、障害基礎年金の場合（「初診日」を「死亡日」と読み替え）と同様です。

1．遺族厚生年金を受けられる遺族の範囲は

　死亡した人に生計を維持されていた、①子のある妻または子、②子のない妻、③55歳以上の夫・父母・祖父母（ただし、支給開始は60歳から）、④孫です。
　子と孫は、18歳到達年度の末日までの人、または20歳未満の障害のある人をいい、現に結婚していない場合に限られます。なお、①の遺族は、遺族基礎年金も受けられます。

2．遺族厚生年金の年金額

　遺族厚生年金の年金額は、死亡した人の報酬比例の年金額の4分の3に相当する額です。子のない妻が受ける遺族厚生年金には、40歳から65歳の間、中高齢の加算（中高齢寡婦加算）が行われます。（次頁の図の　　　の部分が遺族基礎年金）

子のある妻が受ける場合

報酬比例の年金額×3／4 ＋ 遺族基礎年金（777,800円）

＋ 子の加算額

子が受ける場合（2人以上のときは、人数で割った額）

報酬比例の年金額×3／4 ＋ 遺族基礎年金（777,800円）

＋ 2人目以降の子の加算額

子のない中高齢の妻が受ける場合

報酬比例の年金額×3／4

＋ 中高齢寡婦加算※（遺族基礎年金×3／4）

※　対象となるのは、夫の死亡時に40歳以上の妻。

子のない妻※・その他の遺族が受ける場合（2人以上のときは人数で割った額）

報酬比例の年金額×3／4

※　夫の死亡時に30歳未満の場合は、遺族厚生年金は5年間の期限付き
　　となる。

農業者年金は、どのような年金ですか？

 農業者年金は、農業に従事する方の公的年金です。

　農業者年金は、農業に従事する方の公的年金です。農業者年金制度は、他の公的年金と同様の「老後生活の安定・福祉の向上」の目的とともに、年金事業を通じた農業政策上の目的を併せ持つ制度で、昭和46年1月に発足しましたが、平成13年に賦課方式から積立方式へと抜本的な改正が行われました。

　新農業者年金制度は積立方式なので、納付された保険料は将来の自分のための年金給付の原資として積み立てられます。そして将来、納付した保険料総額とその運用益を基礎とした農業者老齢年金として受給することとなります。

1．積立方式の確定拠出年金

　農業者年金は、将来受け取る年金額は、保険料と運用益で決まる「確定拠出型」の年金制度なので、加入者数や受給者数の動向等の影響に左右されにくい財政上非常に安定した制度です。

2．加入資格

年齢要件・・・・・・60歳未満

国民年金の要件・・・国民年金の第1号被保険者（ただし保険料納付
　　　　　　　　　　免除者でないこと）

農業上の要件・・・・年間60日以上農業に従事する者

農業経営者だけでなく、配偶者、後継者などの家族従事者や自分名義
の農地を持たない農業者も加入することができます。

3．加入と脱退

農業者年金制度は任意加入制度です。「将来、基礎年金だけでは不安
だ」というような必要とされる農業者が任意に加入する制度で、脱退も
自由です。

なお、脱退された場合は、それまでに加入者が払い込んだ保険料と運
用益は、加入期間に係わらず、将来、年金として支給され、脱退一時金
は支給されません。

4．保険料

保険料は、加入者自らが月額2万円から6万7千円までの間で、千円
単位で自由に選択することができます。

保険料は、いつでも見直すことができ、生活のゆとりがないときは少
ない保険料を選択し、ゆとりができたときは多い保険料に変更するとい
うようにいつでも変更が可能です。

5．年金給付

- ・農業者年金は、65歳から終身受け取ることができる終身年金です。
- ・65歳に達したときから受給開始が原則ですが、60歳まで繰り上げ受給を選択することもできます。
- ・仮に80歳前に亡くなった場合は、死亡した翌月から80歳到達月までに受け取れるはずであった農業者老齢年金の現在価値に相当する額が、死亡一時金として遺族に支給されます。

年金額の受給見込額

加入年齢	納付期間	性別	年金額（年額）	
			保険料2万円	保険料3万円
20歳	40年	男性	91万円	136万円
		女性	79万円	118万円
30歳	30年	男性	60万円	90万円
		女性	52万円	78万円
40歳	20年	男性	35万円	53万円
		女性	31万円	46万円
50歳	10年	男性	16万円	23万円
		女性	14万円	20万円

※　65歳までの付利利率が2.30％、65歳以降の予定利率が1.55％となった場合の通常加入の試算

6．農業者年金制度のメリット

　農業者年金には、農業者にとって次のようなさまざまなメリットがあります。

⑴　政策年金である（国の助成がある）

　　農業者年金は、認定農業者や青色申告者等の担い手に対して、国から政策支援として保険料助成がある唯一の政策年金です。

⑵　保険料は全額社会保険料控除対象である

　　農業者年金は、納めた保険料は、全額その年の社会保険料控除の対象となる所得税法上の所得控除を受けることができます。（804,000円が限度）

参　考

保険料支払いによる節税効果の試算例

　課税所得が150万円（税率15％）の場合の税額
①農業者年金に未加入

　150万円×15％＝22万5千円
②農業者年金に加入（保険料月額2万円⇒年額24万円）

　（150万円－24万円）×15％＝18万9千円

　①－②＝3万6千円・・・節税効果

（農業者年金基金の資料より）

⑶　付加年金が支給される

　国民年金の付加年金は、第1号被保険者だけに支給される老齢基礎年金の上乗せ年金です。農業者年金加入者は毎月付加保険料（毎月400円）を納付するので65歳から老齢基礎年金といっしょに付加年金が支給されます。

　付加年金は、月々400円の付加保険料に対し、年額「200円×保険料納付済期間の月数」分が支給される、非常に有利な年金です。

保険料支払いによる節税効果（所得税・住民税）試算

税率	保険料（月額）		
	２万円の場合	５万円の場合	６万７千円の場合
15%	36,000円	90,000円	121,000円
20%	48,000円	120,000円	161,000円
30%	72,000円	180,000円	241,000円

参　考

付加保険料を10年間納付した場合の保険料と年金額

付加保険料の額＝400円×120か月（12か月×10年間）　＝48,000円（10年総額）

付加年金の額　　＝200円×120か月　　　　　　　　＝24,000円（年間）

「付加年金は掛けた保険料が２年で元がとれる！」

7．取扱窓口

　ＪＡが取扱窓口となっています。加入の手続きは最寄のＪＡ窓口にて行ってください。

　なお、制度の内容は、市町村農業委員会で指導・助言を行っています。また、各県の農業会議にも農業者年金の専門家（農業者年金相談員）が常駐していますので、詳しくは、最寄りの農業委員会又は農業会議でご確認ください。

確定拠出年金は、どのような年金ですか？

確定拠出年金制度は、拠出された掛金とその運用収益との合計額をもとに、将来の給付額が決定します。事業主が掛金を負担する「企業型 DC」と加入者が掛金を負担する「個人型 DC」（iDeCo）があります。

1. 企業型 DC

● 企業型 DC とは

企業型 DC は、企業が従業員ごとに毎月の掛金の額を決めて拠出し、従業員は運用する商品を決められた選択肢から選び、その運用結果により将来の給付金受取額が変動します。従業員は自分の資産残高を常に把握することができ、途中で運用する商品を変更することもできます。運用成績によって将来受け取れる退職金・年金の額が変動します。「掛金は企業が負担してくれるが、運用の結果はあくまで従業員の自己責任である」ということが企業型 DC の大きな特徴といえるでしょう。

なお、原則60歳以降から給付金を受け取ることができます。

● 掛金について

企業型 DC の事業主掛金は、会社が全額負担して拠出します。拠出された事業主掛金は、年金資産として、加入者（従業員）ごとの確定拠出年金専用口座で管理されます。専用口座のデータの管理は運営管理機関が行っており、コールセンターやインターネットで、いつでも自分の年金資産の状況を確認できます。

なお、掛金の額は会社での役職等に応じて決まるのが一般的です。ただし、制度上掛金の上限額は以下のとおり定められており、この上限額を超えて掛金を出すことは認められていません。

他の企業年金がある場合	月額27,500円
他の企業年金がない場合	月額55,000円

● 加入者掛金の拠出（マッチング拠出制度）

　マッチング拠出制度とは、企業が拠出する事業主掛金に加え、企業型DC加入者が自らの意思により加入者掛金を拠出することができる制度をいいます。マッチング拠出制度は、企業が制度を実施する旨を当局に申請し、承認されることにより実施することができます。

　加入者掛金額は、

・事業主掛金額以下で、

・事業主掛金との合算で法令に定められた「拠出限度額」以下の範囲で、企業毎に定めた金額より加入者が決定し、給与天引きなどにより事業主を通じて拠出します。

　なお、加入者掛金は、小規模企業共済等掛金として所得控除の対象となります。

● 3つの税制優遇

① 企業型DCの運用で得た利益は全額非課税

　一般的な金融商品で運用するとその運用益に対しては約20％の税金がかかりますが、それが全額非課税となります。

② 年金資産の受取時に優遇

　積み立ててきた年金資産は60歳以降、一時金か年金の形式かで受け取ることになりますが、どちらの形式でも税制優遇が受けられます。一時金であれば「退職所得控除」、年金であれば「公的年金等控除」が受けられ、税を軽減することができます。

③ 従業員拠出分が全額所得控除

　マッチング拠出を利用した場合、従業員が拠出する分の掛金については全額所得控除の対象となり、所得税・住民税が軽減されます。

● 年金資産の受け取り方

　確定拠出年金の資産は、原則60歳から「老齢給付金」として受け取ることになります。受取方法は、生活設計に合わせて、年金、一時金、または年金と一時金の組み合わせで受け取ることができます。

　実際の受取方法は、受け取る権利を取得した時に決めることになります。

・受取を開始する時期は60歳から75歳の間で自由に決められます。

・ただし、60歳時点で通算加入者等期間が10年に満たない場合は、受取開始年齢が繰り下げられます。また、加入者の間は受け取ることができません。

2.　個人型 DC（iDeCo）

● iDeCo とは

　iDeCo とは、自分で決めた掛金額を積み立てながら、その掛金を自分で運用していくことで、将来に向けた資産形成を進めていける年金制度です。積み立てた年金資産は原則60歳から受け取ることができます。

● 加入資格

加入区分	加入対象となる人	加入できない人
国民年金の 第1号被保険者	日本国内に居住している20歳以上60歳未満の自営業者、フリーランス、学生など	・農業者年金の被保険者 ・国民年金の保険料を免除（一部免除を含む）されている人（ただし、障害基礎年金を支給されている方等は加入できる）
国民年金の 第2号被保険者	60歳未満の厚生年金の被保険者(サラリーマン、公務員)	勤め先企業で、企業型確定拠出年金に加入している人（ただし、企業型確定拠出年金規約で個人型同時加入を認めている場合は加入ができる）
国民年金の 第3号被保険者	20歳以上の60歳未満の厚生年金に加入している人の被扶養配偶者	—

● 掛金について

　iDeCo で積み立てた年金資産は、基本的に60歳になるまで引き出せないため、自分が無理なく積み立て続けていける金額をよく考えて決める必要があります。

　掛金の限度額は、加入区分や企業年金の加入等により異なり、月々5,000円から1,000円単位で決めることができます。また、iDeCo の掛金には次のような特徴があります。

・掛金額は、年１回見直しができる

・掛金の拠出を止めることは、いつでもできる

・毎月同じ額を拠出する以外に、掛金の拠出を１年の単位で考え、年１回以上、任意に決めた月にまとめて拠出することも可能

● 取扱い窓口

　銀行や証券会社など、さまざまな金融機関が iDeCo を取り扱っています。ただし、選択できる金融機関は１社のみとなっているので、運用商品、サービス、手数料等を比較検討して選択することになります。

● 年金資産の受け取り方

　iDeCo で積み立てた年金資産の受け取り方は、次の３通りから選択することができます。

① 年金として定期的に受け取る

　　５年から20年の間の期間を設定し、年金として定期的に受け取る方法です。

② 一時金として一括で受け取る

　　70歳になるまでの間に、一時金として一括で受け取る方法です。

③ 年金と一時金を組み合わせて受け取る

　　運営管理機関によっては、年金と一時金を組み合わせて受け取る方法を選択できるところもあるので、加入前に確認してください。

　　なお、60歳から年金資産を受け取る場合は、iDeCo に加入していた期間等（通算加入者等期間）が10年以上必要です。通算加入者等期間

が10年に満たない場合は、受取開始が可能となる年齢が繰り下げられます。

● 3つの税制優遇

通常、金融商品などを運用すると、掛金や運用益に税金がかかりますが、iDeCoは老後の資産形成を目的とした年金制度であるため、さまざまな税制優遇措置が講じられています。

① 掛金が全額所得控除の対象

例えば、掛金が毎月1万円で、所得税（20%）・住民税（10%）の税率の場合、年間36,000円、税が軽減されます。

② 運用益が非課税で再投資可能

通常、金融商品の運用益には税金（源泉分離課税20.315%）がかかりますが、iDeCoなら非課税で再投資されます。

③ 受け取るときも大きな控除がある

年金で受け取る場合には「公的年金等控除」、一時金で受け取る場合には「退職所得控除」が設けられています。

● 従業員がiDeCoに加入したいと希望された場合

厚生年金保険の適用事業所の事業主は、法令（確定拠出年金法）により、従業員がiDeCoに加入している場合、その従業員に必要な協力をするとともに、法令及び「個人型年金規約」が遵守されるよう指導等に努めることとされています。

● 事業所の登録

60歳未満の厚生年金保険の第2号被保険者がiDeCoに加入する場合、事業主は、加入の資格要件に関する届出が必要となります。具体的には、厚生年金保険の適用事業所において、iDeCoへの加入を希望する最初の従業員が出た際に、当該従業員と事業主が「事業所登録申請書兼第2号加入者に係る事業主の証明書」を記入・提出し、「登録事業所」として国民年金基金連合会に登録されます。

　「登録事業所」として登録された事業所には、国民年金基金連合会から「事業所登録通知書」から送付され、「登録事業所番号」が通知されます。この「登録事業所番号」は、従業員がiDeCoへの加入を希望するときや事業主・加入者が届出をする際に必要となります。

● 企業型DCと個人型DC（iDeCo）の違い

　企業型DCは事業主が主体となり実施される制度で、その事業主が使用する従業員が加入者となります。掛金は事業主が拠出するほか、規約に定めることで事業主の掛金に上乗せして、加入者が一定の条件で掛金を拠出するしくみ（マッチング拠出）を設けることができます。

　一方、iDeCoは国民年金基金連合会が実施する制度で、原則として20歳以上60歳未満の全ての方（企業型DCの加入者である場合は、加入している企業型DCの規約でiDeCoに加入できる旨が定められていることが必要）が加入できます。掛金は加入者自らが拠出します。

　iDeCoの加入者は、従来は国民年金の第1号被保険者及び企業年金のない厚生年金被保険者に限られていましたが、平成29年1月から、専業主婦（主夫）などの国民年金の第3号被保険者や企業年金に加入している者（企業型年金加入者については規約に定めた場合に限る）、公務員等共済加入者も新たに加入対象となり、企業型DCとiDeCoに同時加入することも認められるようになりました。

　運用商品については、企業型DCでは事業主が契約する運営管理機関が選定し提示したラインアップの中から加入者が選択します。一方、iDeCoでは商品ラインアップの異なる多数の運営管理機関の中から、加入しようとする者が運用商品を含めたサービス内容を比較して運営管理機関を選ぶことになります。

3. 確定拠出年金の対象者および拠出限度額

	企業型DC	iDeCo
実施主体	企業型年金規約の承認を受けた企業	国民年金基金連合会

加入対象者	実施企業に勤務する従業員 ※厚生年金保険の被保険者のうち厚生年金保険法第2条の5第1項第1号に規定する第1号厚生年金被保険者又は同項第4号に規定する第4号厚生年金被保険者	1. 自営業者等（国民年金第1号被保険者） 　※農業者年金の被保険者の方、国民年金の保険料を免除されている方を除く。 2. 厚生年金保険の被保険者（国民年金第2号被保険者） 　※公務員や私学共済制度の加入者を含む。企業型年金加入者においては、企業型年金規約において、個人型年金への加入が認められている方に限る。 3. 専業主婦（夫）等（国民年金第3号被保険者） 4. 国民年金任意加入被保険者
掛金負担者	事業主拠出 （企業型DCの規約に定めた場合は加入者も拠出可能）	加入者拠出 （「iDeCo＋」（イデコプラス・中小事業主掛金納付制度）を利用する場合は事業主も拠出可能）
拠出限度額	■確定給付型の年金を実施していない場合：55,000円／月 ※企業型DCの規約において個人型年金への同時加入を認める場合：35,000円／月 ■確定給付型の年金を実施している場合：27,500円／月 ※企業型DCの規約において個人型年金への同時加入を認める場合：15,500円／月	1. 自営業者等：68,000円／月 　※国民年金基金の掛金、または国民年金の付加保険料を納付している場合は、それらの額を控除した額 2. 厚生年金保険の被保険者 ■確定給付型の年金及び企業型DCに加入していない場合（公務員を除く）：23,000円／月 ■企業型DCのみに加入している場合：20,000円／月 ■確定給付型の年金のみ、または確定給付型と企業型DCの両方に加入している場合：12,000円／月 ■公務員：12,000円／月 3. 専業主婦（夫）等：23,000円／月 4. 国民年金任意加入被保険者：68,000円／月 　※国民年金基金の掛金、または国民年金の付加保険料を納付している場合は、それらの額を控除した額

※確定給付型の年金・・・厚生年金基金、確定給付企業年金、石炭鉱業年金基金、私立学校教職員共済

4. 給付

	老齢給付金	障害給付金	死亡一時金	脱退一時金
給付	5年以上の有期又は終身年金（規約の規定により一時金の選択可能）	5年以上の有期又は終身年金（規約の規定により一時金の選択可能）	一時金	一時金
受給要件等	原則60歳に到達した場合に受給することができる （60歳時点で確定拠出年金への加入者期間が10年に満たない場合は、支給開始年齢が段階的に先延ばしになる） ・8年以上10年未満→61歳 ・6年以上8年未満→62歳 ・4年以上6年未満→63歳 ・2年以上4年未満→64歳 ・1月以上2年未満→65歳	75歳に到達する前に傷病によって一定以上の障害状態になった加入者等が、傷病の状態で一定期間（1年6ヶ月）を経過した場合に受給することができる	加入者等が死亡した際、その遺族が資産残高を受給することができる	一定の要件を満たした場合に受給することができる

5. 税制

	企業型 DC	iDeCo
拠出時	非課税 ■事業主が拠出した掛金：全額損金算入 ■加入者が拠出した掛金：全額所得控除（小規模企業共済等掛金控除）	非課税 ■加入者が拠出した掛金：全額所得控除（小規模企業共済等掛金控除） ■「iDeCo＋」を利用し事業主が拠出した掛金：全額損金算入
運用時	■運用益：運用中は非課税 ■積立金：特別法人税課税（現在、課税は停止されています）	
給付時	■年金として受給：公的年金等控除 ■一時金として受給：退職所得控除	

6. 離転職時の年金資産の持ち運び（ポータビリティ）

		資産移換先の制度				
		確定給付企業年金 （DB）	企業型確定拠出年金 （企業型DC）	個人型確定拠出年金 （iDeCo）	通算企業年金	中小企業退職金共済
移換前に加入していた制度	確定給付企業年金 （DB）	○	○（※1）	○（※1）	○（※1）	○（※3）
	企業型確定拠出年金 （企業型 DC）	○	○	○	○	○（※3）
	個人型確定拠出年金 （iDeCo）	○	○	―	×	×
	通算企業年金基金	○	○	○	―	×
	中小企業退職金共済	○（※2＋※3）	○（※2＋※3）	×	×	○

（※1）DB から企業型 DC・iDeCo には、本人からの申出により、脱退一時金相当額を移換可能。
（※2）中小企業退職金共済に加入している企業が、中小企業でなくなった場合に、資産の移換を認めている。
（※3）合併等の場合に限って措置。

加入資格

加入区分	加入対象となる人	加入できない人
国民年金の第1号被保険者	日本国内に居住している20歳以上60歳未満の自営業者、フリーランス、学生など	・農業者年金の被保険者 ・国民年金の保険料を免除（一部免除を含む）されている人（ただし、障害基礎年金を支給されている方等は加入できる）
国民年金の第2号被保険者	60歳未満の厚生年金の被保険者（サラリーマン、公務員）	勤め先企業で、企業型確定拠出年金に加入している人（ただし、企業型確定拠出年金規約で個人型同時加入を認めている場合は加入ができる）
国民年金の第3号被保険者	20歳以上の60歳未満の厚生年金に加入している人の被扶養配偶者	―

第14章　労働・社会保険の手続き

Q101　労働保険を新規に適用するときの手続きは？

　農業は、暫定任意適用事業（個人経営で従業員が常時5人未満）であれば労働保険の加入は任意ですが、法人化すると強制適用となります。また、暫定任意適用事業であっても、事業主が労災保険特別加入制度に加入すると強制適用事業になります。

　労働保険の適用事業所となったときは、「労働保険保険関係成立届」を監督機関に提出しなければなりません。

いつ

　・農業法人を設立したとき

　・新たに労働者を雇用したとき

　・任意加入したいとき

どこへどんな書類を

　○労働基準監督署

　　①「労働保険保険関係成立届」（記入例1）、②「労働保険概算保険料申告書」（記入例2）、③労働保険任意加入申請書（任意加入のとき）

　○公共職業安定所

　　①「労働保険保険関係成立届」（記入例3）、②「労働保険概算保険料申告書（藤色）」（記入例4）、③「雇用保険適用事業所設置届」（記入例5）、④「雇用保険被保険者資格取得届」（記入例6）、⑤「健康保険・厚生年金保険 任意適用同意書」（任意加入のとき）

雇用保険に任意加入する際に必要な書類等

提出書類	添付書類	備　考
①労働保険 保険関係成立届 ②労働保険 概算保険料申告書 ③雇用保険 適用事業所設置届 ④雇用保険 被保険者資格取得届 ⑤労働保険 任意加入申請書 ⑥承諾書 ⑦同意書 ⑧誓約書 （⑤〜⑧は、都道府県により書式が異なるので、管轄の公共職業安定所で確認すること）	①事業主の住民票（世帯全員） （事業所が住民票住所と異なる場合は、不動産登記簿（写し）か賃貸借契約書（写し）） ②源泉所得税の領収書 ③出勤簿（過去1年分以上） ④賃金台帳（過去1年分以上） ⑤労働者名簿 ⑥直近の確定申告書（写し） ⑦農協へ提出している売上高を示した書類 ⑧事業概要の分かるもの ⑨事業場現場の写真 （⑥〜⑨は、原則として窓口での確認のみ）	過去1年間の事業実績がないと加入できない（事業として成り立っているか、1年間を通して雇用（賃金の支払）が出来るか、保険料の支払い能力はあるか等を確認するため）

添付書類は

①登記簿謄本（又は賃貸借契約書）、事業主の「住民票」（個人事業のとき）

　事業所の所在を確認するために必要です。

②労働者名簿

　個人別に作成されたもので、氏名・住所・生年月日等記載されたもの。用紙は市販されています。

③出勤簿

　タイムカードなど、被保険者全員分が必要です。

④賃金台帳

　賃金の支払い実績がない場合は、基本給や通勤手当等の額が記載されている「雇用契約書」等を提出してください。

⑤源泉所得税の領収書

　賃金支払の実績がない場合は、税務署に提出した「給与支払事務所等の開設届出書」の控を提出してください。

いつまでに

○労働基準監督署への書類提出

　事業を開始した日から10日以内

○公共職業安定所への書類提出

　　労働基準監督署に提出した「労働保険保険関係成立届」の事業主
控を添えて事業所設置の翌日から10日以内

社会保険を新規に適用するときの手続きは？

　労働保険と違い、農業は、個人経営の場合、従業員の数にかかわらず社会保険の適用事業所になりません。ただし、法人は、業種や規模にかかわらず加入が義務付けられていますので、農業生産法人を設立したときは、事業主は社会保険に加入しなければなりません。加入にあたっては、「健康保険・厚生年金保険新規適用届」を年金事務所に提出し、雇用実態や保険料の支払能力などの審査を受けることになります。

いつ

　・農業法人を設立したとき

　・任意加入したいとき

どこへどんな書類を

　○年金事務所

　　①「健康保険・厚生年金保険 新規適用届」（記入例７）、②「健康保険・厚生年金保険 被保険者資格取得届」（記入例８）、③「健康保険被扶養者（異動）届」（被扶養者がいるとき）（記入例９）、④「保険料口座振替依頼書」、⑤「健康保険・厚生年金保険 任意適用同意書」（任意加入のとき）

添付書類は

　　①登記簿謄本、②賃貸借契約書（事務所等を借りている場合）、③労働者名簿、④出勤簿、⑤賃金台帳、⑥源泉所得税の領収書（「給与支払事務所等の開設届出書」の控）、⑦現金出納簿、⑧事業主世帯全員の「住民票」（任意加入のとき）

いつまでに

適用事業所となった日から５日以内

労働保険料の納付手続きは？

　労働保険（労災保険・雇用保険）の保険料は、保険年度（毎年４月１日から翌年３月31日）単位で計算し納付します。

　具体的には、まず年度の初めに概算額で申告・納付し、その期間終了後に確定額を計算し、納付した概算額との過不足を精算します。また、同時に次年度の概算額を申告・納付します。この手続きを「年度更新」といいます。概算額で申告・納付する保険料を「概算保険料」といい、確定額で申告・納付する保険料を「確定保険料」といいます。

　年度更新の時期が近づくと、東京都労働局から申告書が送付されてきますので、６月１日から７月10日の間に金融機関・郵便局または労働基準監督署などで申告・納付します。

　概算保険料は、保険年度分の全額を納付するのが原則ですが、概算保険料額が40万円以上ある場合は、３回に分割して納付することができます。各期の納期限は、第１期が５月20日、第２期が８月31日、第３期が11月30日です。第２期、第３期の納付書は、各納期限の約10日前に送付されてきます。

　なお、農業は、労働保険の扱いについては、二元適用事業といい、労災保険と雇用保険は別々に申告・納付します。

Q104　社会保険料の納付手続きは？

　社会保険（健康保険・厚生年金保険）の保険料は、従業員の標準報酬月額及び標準賞与額に保険料率を乗じて計算されます。

　労働保険料の納付は、原則年1回ですが、社会保険では、毎月の保険料を事業主が自己の負担分と従業員の負担分を合わせて、翌月の末日までに年金事務所に納付します。したがって、事業主は、従業員の毎月の給与から従業員の負担すべき保険料を源泉控除することになります。

＜標準報酬月額＞

　毎月、各従業員の報酬から保険料を計算していたのでは、事務が煩雑になってしまうので、報酬の額をいくつかの等級に分け、それぞれの従業員に仮の報酬を定め、同一の従業員については、原則として1年間その報酬をもとに保険料などの計算をすることにしています。

＜標準賞与額＞

　賞与に対しても標準報酬月額と同一の保険料率で賦課されます。賞与に対する保険料は、賞与が支給された月の翌月末に毎月の保険料と合算して納付します。

Q105 従業員を雇入れたときの労働保険の手続きは？

　手続きは事業主が行います。

いつまでに

　被保険者となった日の属する月の翌月10日まで。例えば、４月１日採用の場合、５月10日が提出期限です。

どこへどんな書類を

　○公共職業安定所

　①「雇用保険被保険者資格取得届」（記入例６）、②「雇用保険被保険者証」（新規学卒者など初めて雇用保険の被保険者になる者の採用の場合、採用される者が雇用保険被保険者証の交付を受けていないので、必要ありません。）

添付書類は

　①労働者名簿、②出勤簿（タイムカード）、③賃金台帳、④雇用契約書、⑤雇用保険適用事業所台帳

その他

　労災保険の加入は、個人単位ではなく事業所単位ですので原則的に被保険者という概念はありません。したがって、新たに雇入れられた従業員は、そのときから労災保険の適用を受けることになり、改めて労災保険の加入手続きは発生しません。

従業員を雇入れたときの社会保険の手続きは？

手続きは事業主が行います。

いつまでに

雇用した日から5日以内

どこへどんな書類を

○年金事務所

　①「健康保険・厚生年金保険 被保険者資格取得届」（記入例8）、②「健康保険被扶養者（異動）届」（被扶養者がいるとき）（記入例9）

添付書類は

○被保険者となる者に被扶養者がいるとき

(1)　収入要件確認の為の書類

　※所得税法の規定による控除対象配偶者または扶養親族となっている者については事業主の証明があれば不要。それ以外の者については「課税（非課税）証明書」等、状況に応じて収入要件確認のための書類が必要。

(2)　同居確認の為の書類（被保険者の世帯全員の住民票）

　※同居が要件である者についてのみ

　　ただし、次のいずれにも該当するときは、添付書類を不要とすることができます。

　・被保険者と扶養認定を受ける方双方のマイナンバーが届書に記載されていること

　・上記の書類により、扶養認定を受ける方の続柄が届書の記載と相違ないことを確認した旨を、事業主が届書に記載していること

　　その他、別居の場合や海外在住の家族の場合、健康保険組合については、別途添付書類が必要な場合があるため、適宜確認が必要。

従業員の被扶養者に異動があったときの手続きは？

手続きは事業主が行います。

かこみ どんなときに

・扶養家族が生じたとき（結婚等）

・扶養家族が増えたとき（出産等）

・扶養家族が減じたとき（扶養家族の死亡、就職等）

かこみ いつまでに

異動があった日から５日以内

かこみ どこへどんな書類を

○年金事務所

「健康保険被扶養者（異動）届」（記入例９）

かこみ 添付書類は

(1)　収入要件確認の為の書類

※所得税法の規定による控除対象配偶者または扶養親族となっている者については事業主の証明があれば不要。それ以外の者については「課税（非課税）証明書」等、状況に応じて収入要件確認のための書類が必要。

(2)　同居確認の為の書類（被保険者の世帯全員の住民票）

※同居が要件である者についてのみ

ただし、次のいずれにも該当するときは、添付書類を不要とすることができます。

・被保険者と扶養認定を受ける方双方のマイナンバーが届書に記載されていること

・上記の書類により、扶養認定を受ける方の続柄が届書の記載と相違ないことを確認した旨を、事業主が届書に記載していること

その他、別居の場合や海外在住の家族の場合、健康保険組合については、別途添付書類が必要な場合があるため、適宜確認が必要。

従業員が退職したときの労働保険の手続きは？

手続きは事業主が行います。

いつまでに

被保険者でなくなった事実のあった日の翌日から起算して10日以内

どこへどんな書類を

○公共職業安定所

　①「雇用保険被保険者資格喪失届」（記入例10）、②「雇用保険被保険者離職証明証」(退職者が離職票の交付を希望しない場合は、必要ありません。ただし、退職者が離職の日において59歳以上であるときは、交付の希望の有無にかかわらず提出しなければなりません。)（記入例11）

添付書類は

　①労働者名簿、②出勤簿（タイムカード）、③賃金台帳、④雇用契約書、⑤退職願、定年などのように就業規則等規定により退職した場合は、その規定、⑥雇用保険適用事業所台帳

Q109　従業員が退職したときの社会保険の手続きは？

　手続きは事業主が行います。

いつまでに

　退職日から5日以内

どこへどんな書類を

　　○年金事務所

　　　「健康保険・厚生年金保険 被保険者資格喪失届」（記入例12）

添付書類は

　健康保険被保険者証

労災指定病院等で労災の保険給付を受けるときの手続きは？

手続きは被災労働者本人が行います。

どんなときに

業務上の災害による負傷や疾病で、労災病院又は労災指定病院で治療を受けるとき

いつまでに

遅滞なく

どこへどんな書類を

○労災指定病院等を経由して所轄労働基準監督署

「療養補償給付たる療養の給付請求書」（記入例13）

その他

療養補償給付は、次に掲げるものを必要と認める範囲内で現物給付されます。

①診察、②薬剤又は治療材料の支給、③処置・手術その他の治療、④居宅における療養上の管理及びその療養を伴う世話その他の看護、⑤病院又は診療所への入院及びその療養に伴う世話その他の看護、⑥移送

労災指定病院等以外の医療機関で労災の保険給付を受けるときの手続きは？

手続きは被災労働者本人が行います。

どんなときに

　業務上の災害による負傷や疾病で、労災指定病院等以外の医療機関で治療を受けたとき。

　療養補償給付は、療養の給付として現物給付されるのが原則ですが、その地区に労災指定病院等がない場合、特殊な医療技術又は診療施設を必要とする傷病の場合で、最寄りの労災指定病院等では対応できない場合など、療養の給付をすることが困難な場合、療養の給付を受けないことについて労働者に相当の理由がある場合には、療養の給付に代えて療養の費用が現金給付されます。

いつまでに

　遅滞なく

どこへどんな書類を

○所轄労働基準監督署

　「療養補償給付たる療養の費用請求書」（記入例14）

 従業員が業務災害で休業して賃金を得られないときの
手続きは？

　手続は被災労働者本人が行います。

どんなときに

　　労働者が業務上の災害により、負傷し又は疾病にかかり、その傷病
のため労働することができず、賃金を受けることができないとき

いつまでに

　　遅滞なく

どこへどんな書類を

　○所轄労働基準監督署

　　「休業補償給付支給請求書・休業特別支給金支給申請書」（記入例15）

その他

　・休業補償給付は、原則として休業１日につき給付基礎日額の60％が
　　支給されます。

　・労働福祉事業として給付基礎日額の20％が休業特別支給金として支
　　給されます。

　・給付期間は、休業初日から３日間を除いて、休業が継続する限り、
　　その休業日について支給されます。

逆引きできる目次

事　項	届出書類	添付書類	届出先	届出期限	掲載頁
労働保険を新規に適用するときの手続き	①　労働保険保険関係成立届 ②　労働保険概算保険料申告書 ③　労働保険任意加入申請書	①　登記簿謄本（個人事業のときは事業主の住民票）	労働基準監督署	事業を開始した日から10日以内	
	①　労働保険保険関係成立届 ②　労働保険概算保険料申告書（藤色） ③　雇用保険適用事業所設置届 ④　雇用保険被保険者資格取得届 ⑤　健康保険・厚生年金保険　任意適用同意書（任意加入のとき）	①　登記簿謄本（個人事業のときは事業主の住民票） ②　労働者名簿 ③　出勤簿又はタイムカード ④　賃金台帳（雇用契約書） ⑤　源泉所得税の領収書	公共職業安定所	労働基準監督署に提出した「労働保険保険関係成立届」の事業主控を添えて事業所設置の翌日から10日以内	
社会保険を新規に適用するときの手続き	①　健康保険・厚生年金保険新規適用届 ②　健康保険・厚生年金保険被保険者資格取得届 ③　健康保険被扶養者（異動）届（被扶養者がいるとき） ④　保険料口座振替依頼書 ⑤　健康保険・厚生年金保険任意適用同意書（任意加入のとき）	①　登記簿謄本 ②　賃貸借契約書（事務所を借りているとき） ③　労働者名簿 ④　出勤簿又はタイムカード ⑤　賃金台帳 ⑥　源泉所得税の領収書 ⑦　現金出納簿 ⑧　事業主世帯全員の住民票(任意加入のとき)	年金事務所	適用事業所となった日から5日以内	
従業員を雇入れたときの手続き	①　雇用保険被保険者資格取得届 ②　雇用保険被保険者証（以前に雇用保険適用事業所に勤めていた者）	①　労働者名簿 ②　出勤簿又はタイムカード ③　賃金台帳 ④　雇用契約書 ⑤　雇用保険適用事業所台帳	公共職業安定所	被保険者となった日の属する月の翌月10日まで	
	①　健康保険・厚生年金保険被保険者資格取得届 ②　健康保険被扶養者（異動）届（被扶養者がいるとき）	年金手帳（既に年金手帳を所持している者）	年金事務所	雇用した日から5日以内	

従業員の被扶養者に異動があったときの手続き	健康保険被扶養者(異動)届	婚姻等により配偶者の国民年金第3号被保険者資格取得届を同時に届け出るときは、配偶者の年金手帳	年金事務所	異動があった日から5日以内	
従業員が退職したときの手続き	① 雇用保険被保険者資格喪失届 ② 雇用保険被保険者離職証明書（退職者が離職票の交付を希望しない場合は必要ない）	① 労働者名簿 ② 出勤簿又はタイムカード ③ 賃金台帳 ④ 雇用契約書 ⑤ 退職願（定年退職の場合は規定が載っている就業規則） ⑥ 雇用保険適用事業所台帳	公共職業安定所	被保険者でなくなった事実のあった日の翌日から起算して10日以内	
	健康保険・厚生年金保険被保険者資格喪失届	健康保険被保険者証	年金事務所	退職日から5日以内	
労災の保険給付を受けるときの手続き	療養補償給付たる療養の給付請求書（労災指定病院等で労災の保険給付を受けるとき）		労災指定病院等を経由して労働基準監督署	遅滞なく	
	療養補償給付たる療養の費用請求書（労災指定病院等以外の医療機関で労災の保険給付を受けるとき）		労働基準監督署	遅滞なく	
従業員が業務災害で休業し賃金を得られないときの手続き	休業補償給付支給請求書・休業特別支給金支給申請書		労働基準監督署	遅滞なく	

【記入例1】

提出用

様式第1号（第4条、第64条、附則第2条関係）（1）（表面）

労働保険 ┌ 0：保険関係成立届（継続）（事務処理委託届）
　　　　　├ 1：保険関係成立届（有期）（事務処理委託届）
　　　　　└ 2：任意加入申請書（事務処理委託届）

下記のとおり {（イ）届け出ます。（31600又は31601のとき）／（ロ）労災保険 の加入を申請します。（31602のとき）／（ハ）雇用保険}

① 事業所又は事業主の住所・氏名又は名称
② 事業主の住所又は名称
③ 事業の概要
④ 事業の種類
⑤ 保険関係成立年月日
⑥ 雇用保険被保険者数
⑦ 賃金総額の見込額
⑨ 委託事務組合
⑪ 事業開始年月日

⑰ 電話番号（市外局番）　04 28 - 00 - △△××（市内局番）（番号）

㉑ 名称・氏名（カナ）　農事組合法人　あさがお

㉒ 名称・氏名（つづき）

㉓ 名称・氏名（つづき）

名称・氏名（漢字）　農事組合法人

⑱ 保険関係成立年月日（31600又は3160のとき）
㉒ 任意加入認可等年月日（31602のとき）（元号・令和9）
9 - 04 - 04 - 01

㉓ 事業所成立年月日（31600又は3160のとき）（元号・令和9）
㉓ 事業廃止等年月日（31602のとき）（元号・令和9）

㉒ 業務廃止等年月日

㉓ 建設の事業の請負金額　円

㉔ 立木の伐採の事業の素材見込生産量　立方メートル

⑮ 住所又は所在地　郵便番号

⑯ 氏名又は名称　電話番号

注　発　住所又は所在地

注　書　氏名又は名称

㉔ 雇用保険被保険者数
㉓ 常時使用労働者数　十万千百十　6　人

㉓ 雇用保険料率番号1（31600又は31602のとき）
都道府県　所掌　管轄　基幹番号　枝番号

㉓ 運用済労働保険番号1（31600又は31602のとき）
都道府県　所掌　管轄　基幹番号　枝番号

㉓ 加入済労働保険番号2（31600又は31602のとき）
都道府県　所掌　管轄　基幹番号　枝番号

㉓ 運用済労働保険番号2（31600又は31602のとき）
都道府県　所掌　管轄　基幹番号　枝番号

㉔ 片保険理由コード（31600のとき）

㉓ 産業分類（31600又は3160のとき）

㉓ 特掲区分（31600又は3160のとき）

㉓ 台帳種別（31600又は3160のとき）

㉓ 伊保険区分（31600又は3160のとき）

※データ区分　※指示コード　※再入力区分

※修正項目（英数・カナ）

※修正項目（漢字）

※受付年月日（元号・令和9）

事業主氏名（法人のときはその名称及び代表者の氏名）
農事組合法人　あさがお
代表取締役　伊藤大也

法人番号　1 2 3 4 5 6 7 8 9 0 0 △△

（3.3）

297

記載例付主要届出様式集

【記入例２】

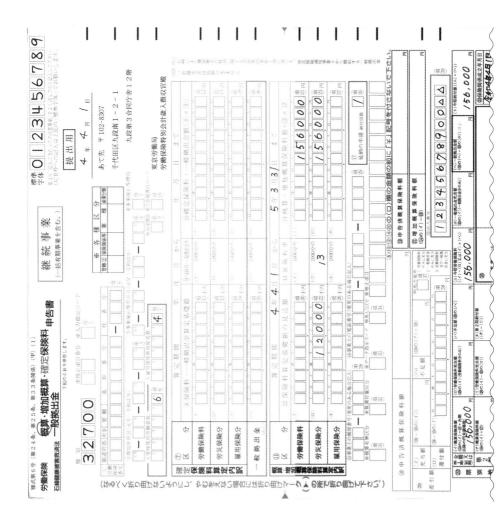

298

別納付額				
第2期	(チ)概算保険料額 ⑭の(イ)+⑰ 円	(リ)労働保険料充当額 ⑳の(イ)−㉒の(ロ) 円	(ヌ)第2期納付額 ((チ)−(リ)) 円
第3期	(ル)概算保険料額 ⑭の(イ)+⑰ 円	(ヲ)労働保険料充当額 ⑳の(イ)−㉒の(ロ)−㉒の(リ) 円	(ワ)第3期納付額 ((ル)−(ヲ)) 円

㉕事業又は作業の種類	畑作農業

㉓保険関係成立年月日：令和04年4月1日

㉔事業廃止等理由：(1)廃止 (2)委託 (3)個別 (4)労働者なし (5)その他

㉖加入している労働保険	(イ)労災保険 (ロ)雇用保険	㉗特掲事業	(イ)該当する (ロ)該当しない
㉘事業 (イ)所在地	青梅市〇〇 △−××		
(ロ)名称	農事組合法人 あさがお		

㉙事業主	
郵便番号	198−××××　電話番号 (0428) 〇〇−△△××
(イ)住所(法人のときは主たる事務所の所在地)	青梅市〇〇 △−××
(ロ)名称	農事組合法人 あさがお
(ハ)氏名(法人のときは代表者の氏名)	代表取締役 伊藤大地

社会保険労務士記載欄	作成年月日・提出代行者・事務代理者の表示	氏名	電話番号

きりとり線(1枚目はきりはなさないで下さい。)

領収済通知書　労働保険　国庫金

(記入例) ¥0123456789

30840	取扱庁名 東京労働局	※取扱庁番号 00075331	徴収勘定 保険料収入及び一般拠出金収入	労働保険特別会計 0847	厚生労働省所管 6118	令和 04 年度

労働保険番号：都道府県 所掌 管轄 基幹番号 − 枝番号　※CD　※証券受領

※会計年度(元号：令和は9)　※徴定年度(元号：令和は9)　※収納年月日(元号：令和は9)

前年度5月1日以降 現年度歳入組入

内訳	
労働保険料	¥156000
一般拠出金	
納付額(合計額)	¥156000

納付の目的
1. 令和 04 年度概算 1 期
2. 増加概算・・・1 / 特別加入・・・2
3. 令和　年度確定

※取納区分　※収納機関　※納付区分　※徴定　※データ指示コード　※内訳等受領

(住所)〒 198−××××
青梅市〇〇 △−××
(氏名) 農事組合法人 あさがお 殿

あて先
〒102-8307
千代田区九段南1−2−1
九段第3合同庁舎12階
東京労働局労働保険特別会計歳入徴収官

上記の合計額を領収しました。
領収日付等
(官庁送付分)

納付の場所　日本銀行(本店・支店・代理店又は歳入代理店)、所轄都道府県労働局、所轄労働基準監督署

◎この書類は、機械処理されますので、汚したり折り曲げたりしないで下さい。

【記入例3】

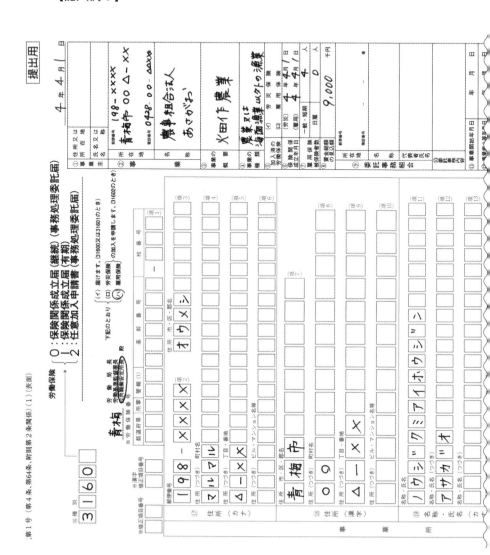

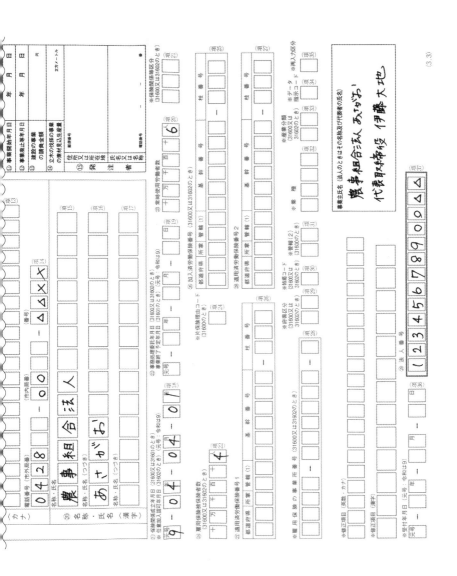

【記入例4】

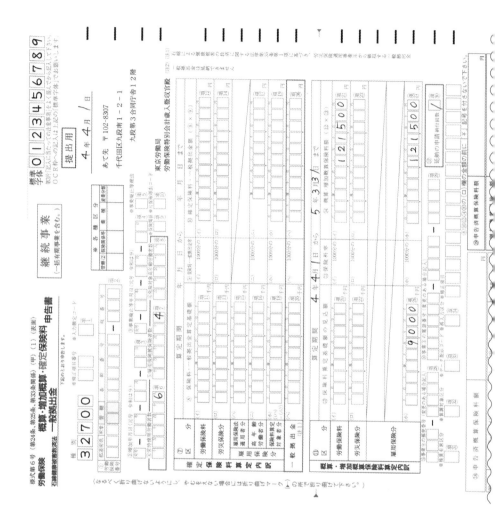

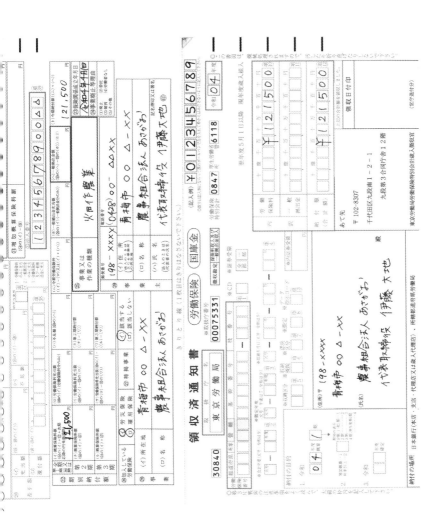

【記入例5表】

雇用保険適用事業所設置届

（必ず第2面の注意事項を読んでから記載してください。）

※ 事業所番号

下記のとおり届けます。

公共職業安定所長 殿

令和 4 年 4 月 1 日

帳票種別 1 2 0 0 1

1.法人番号（個人事業の場合は記入不要です。） 1 2 3 4 5 6 7 8 9 0 0 △

2.事業所の名称（カタカナ） ノウジクミアイホウジン

事業所の名称〔続き（カタカナ）〕 アサガオ

3.事業所の名称（漢字） 農事組合法人

事業所の名称〔続き（漢字）〕 あさがお

4.郵便番号 1 9 8 - × × ×

5.事業所の所在地（漢字）※市・区・郡及び町村名 青梅市○○

事業所の所在地（漢字）※丁目・番地 △-××

事業所の所在地（漢字）※ビル、マンション名等

6.事業所の電話番号（項目ごとにそれぞれ左詰めで記入してください。） 0 4 2 8 - 0 0 - △△××
市外局番 市内局番 番号

7.設置年月日 5 - 0 4 0 4 0 1 （3 昭和 4 平成 / 5 令和）
元号 年 月 日

8.労働保険番号
府県 所掌 管轄 基幹番号 枝番号

※ 公共職業安定所 記載欄	9.設置区分 （1 当然 / 2 任意）	10.事業所区分 （1 個別 / 2 委託）	11.産業分類	12.台帳保存区分 （1 日雇被保険者 のみの事業所 / 2 船舶所有者）

13. 事 業 主	（フリガナ） 住 所 （法人のときは主たる 事務所の所在地）	オウメシ マルマル 青梅市 ○○ △-××	17.常時使用労働者数		6 人
	（フリガナ） 名 称	ノウジクミアイホウジン 農事組合法人 あさがお	18.雇用保険被保険者数	一 般	4 人
	（フリガナ） 氏 名 （法人のときは代表者の氏名）	ダイヒョウトリシマリヤク イトウ ダイチ 代表取締役 伊藤大地		日 雇	0 人
			19.賃金支払関係	賃金締切日	末 日
14.事業の概要 （漁業の場合は漁船の 総トン数を記入すること）		畑作農業		賃金支払日	当・翌月 20日
			20.雇用保険担当課名		課 係
15.事業の 開始年月日	令和 4 年 4 月 1 日	※事業の 16.廃止年月日 令和 年 月 日	21.社会保険加入状況		健康保険 厚生年金保険 労災保険
備 考		※	所 長	次 長	課 長	係 長	係	操 作 者

（この届出は、事業所を設置した日の翌日から起算して10日以内に提出してください。）

2021. 9

【記入例5裏】

```
注　意
1　□□□で表示された枠（以下「記入枠」という。）に記入する文字は、光学式文字読取装置（OCR）で直接読取を行い
　　ますので、この用紙を汚したり、必要以上に折り曲げたりしないでください。
2　記載すべき事項のない欄又は記入枠は空欄のままとし、※印のついた欄又は記入枠には記載しないでください。
3　記入枠の部分は、枠からはみ出さないように大きめの文字によって明瞭に記載してください。
4　1欄には、平成27年10月以降、国税庁長官から本社等へ通知された法人番号を記載してください。
5　2欄には、数字は使用せず、カタカナ及び「-」のみで記載してください。
　　カタカナの濁点及び半濁点は、1文字として取り扱い（例：ガ→ガ□、パ→パ□）、また、「キ」及び「ヱ」は使用せ
　　ず、それぞれ「イ」及び「エ」を使用してください。
6　3欄及び5欄には、漢字、カタカナ、平仮名及び英数字（英字については大文字体とする。）により明瞭に記載してください。
7　5欄1行目には、都道府県名は記載せず、特別区名、市名又は郡名とそれに続く町村名を左詰めで記載してください。
　　5欄2行目には、丁目及び番地のみを左詰めで記載してください。
　　また、所在地にビル名又はマンション名等が入る場合は5欄3行目に左詰めで記載してください。
8　6欄には、事業所の電話番号を記載してください。この場合、項目ごとにそれぞれ左詰めで、市内局番及び番号は「-」に続
　　く5つの枠内にそれぞれ左詰めで記載してください。（例：03-3456-XXXX→ 03□□-3456□-XXXX）
9　7欄には、雇用保険の適用事業所となるに至った年月日を記載してください。この場合、元号をコード番号で記載した上で、
　　年、月又は日が1桁の場合は、それぞれ10の位の部分に「0」を付加して2桁で記載してください。
　　（例：平成14年4月1日→ 4□-14040□）
10　14欄には、製品名及び製造工程又は建設の事業及び林業等の事業内容を具体的に記載してください。
11　18欄の「一般」には、雇用保険被保険者のうち、一般被保険者数、高年齢被保険者数及び短期雇用特例被保険者数の合計数
　　を記載し、「日雇」には、日雇労働被保険者数を記載してください。
12　21欄は、該当事項を○で囲んでください。
13　22欄は、事業所印と事業主印又は代理人印を押印してください。
14　23欄は、最寄りの駅又はバス停から事業所への道順略図を記載してください。
```

```
お願い
1　事業所を設置した日の翌日から起算して10日以内に提出してください。
2　営業許可証、登記事項証明書その他記載内容を確認することができる書類を持参してください。
```

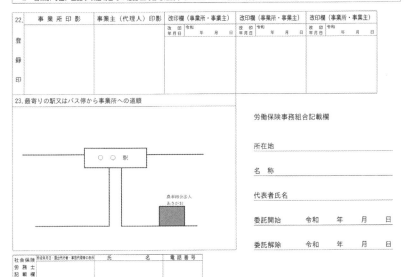

【記入例6】

様式第2号（第6条関係）

雇用保険被保険者資格取得届

標準字体 `0 1 2 3 4 5 6 7 8 9`
（必ず第2面の注意事項を読んでから記載してください。）

帳票種別 `1 9 1 0 1`

1. 個人番号 `9 8 7 6 5 4 3 2 1 × × ×`

2. 被保険者番号 `1 3 × × - 1 2 3 4 5 6 - △`

3. 取得区分 `2`（1 新規 / 2 再取得）

4. 被保険者氏名 保険 太郎
フリガナ（カタカナ） `ホ ケ ン タ ロ ウ`

5. 変更後の氏名
フリガナ（カタカナ）

6. 性別 `1`（1 男 / 2 女）

7. 生年月日 `3 - 5 0 0 5 2 4`
元号（2 大正 / 3 昭和 / 4 平成 / 5 令和）

8. 事業所番号 `1 3 △ × - 9 8 7 6 5 4 - ×`

9. 被保険者となったことの原因 `2`
1 新規（新規・学卒）
2 新規（その他）雇用
3 日雇からの切替
4 その他
8 出向元への復帰等（65歳以上）

10. 賃金（支払の態様・賃金月額：単位千円） `1 - 3 5 5`
十万 万 千円
（1 月給 2 週給 3 日給 4 時間給 5 その他）

11. 資格取得年月日 `5 - 0 4 0 4 0 1`（4 平成 / 5 令和）

12. 雇用形態 `7`
1 日雇 2 派遣 3 パートタイム 4 有期契約労働者 5 季節的雇用 6 船員 7 その他

13. 職種 `0 7`（01〜11）第2面参照

14. 就職経路
1 安定所紹介 2 自己就職 3 民間紹介 4 把握していない

15. 1週間の所定労働時間 `4 0 0 0` 時間・分

16. 契約期間の定め `2`
1 有 — 契約期間 □-□□□ から □-□□□ まで 元号 年 月 日（4 平成 5 令和）
契約更新条項の有無（1 有 / 2 無）
2 無

事業所名 農事組合法人 あさがお
備考

17欄から23欄までは、被保険者が外国人の場合のみ記入してください。

17. 被保険者氏名（ローマ字）（アルファベット大文字で記入してください。）

被保険者氏名（続き（ローマ字）

18. 在留カードの番号（在留カードの右上に記載されている12桁の英数字）

19. 在留期間 □□□□□□□ まで 西暦 年 月 日

20. 資格外活動の許可の有無（1 有 / 2 無）

21. 派遣・請負就労区分
1 派遣・請負労働者として主として当該事業所以外で就労する場合
2 1に該当しない場合

22. 国籍・地域

23. 在留資格

※公安定載共職業所欄

24. 取得時被保険者種類
1 一般 2 短期雇用 3 季節 11 高年齢被保険者（65歳以上）

25. 番号複数取得チェック不要
チェック・リストが出力されたが、調査の結果、同一人でなかった場合に「1」を記入。

26. 国籍・地域コード 22欄に対応するコードを記入

27. 在留資格コード 23欄に対応するコードを記入

雇用保険法施行規則第6条第1項の規定により上記のとおり届けます。

住所 東京都青梅市○○△ー××

事業主氏名 農事組合法人 あさがお
代表取締役 伊藤 大地

電話番号 0428-00-△△××

令和 4 年 4 月 1 日

青梅 公共職業安定所長 殿

社会保険労務士記載欄	作成年月日・提出代行者・事務代理者の表示	氏 名	電話番号

※所長	次長	課長	係長	係	操作者

※備考

確認通知 令和 年 月 日

2021. 9

306

【記入例7表】

健康保険　厚生年金保険　新規適用届

届書コード 1 0 1

◎記入の方法は裏面に書いてあ りますのでよくお読みください。
◎「※」印欄は記入しないでください。

事業所整理記号

事業所番号　1 9 8 1 - ×｜×｜×｜×

健康保険組合名

事業所所在地　東京都青梅市○寺　1 - ×｜×

事業所名称　農事組合法人　あさがお

事業主（又は代表者）氏名　代表取締役　伊藤　大地

事業の種類　畑作農業

事業所の電話番号　0 4 2 8 - ○｜○- △｜△×

厚生年金基金の名称

令和　年　月　日

305

裏面も記入してください

令和　　年　　月　　日提出

社会保険労務士の提出代行者印

【記入例7裏】

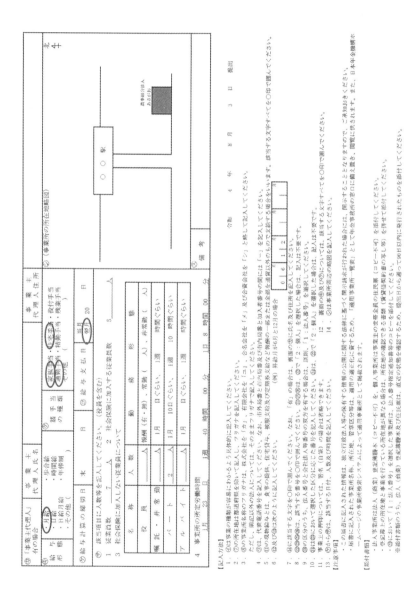

【記入例8】

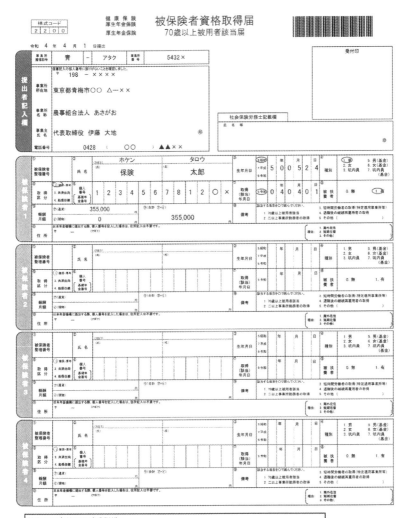

協会けんぽご加入の事業所様へ
※ 70歳以上被用者該当届のみ提出の場合は、「⑩備考」欄の「1.70歳以上被用者該当」
　および「5.その他」に〇をし、「5.その他」の（　）内に「該当届のみ」とご記入ください（この場合、
　健康保険被保険者証の発行はありません）。

【記入例9】

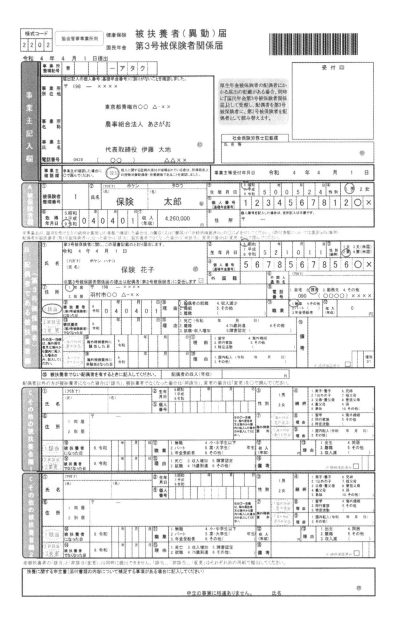

【記入例10】

■ 様式第4号（第7条関係）（第1面）（移行処理用）

雇用保険被保険者資格喪失届

標準字体 `0 1 2 3 4 5 6 7 8 9`
（必ず第2面の注意事項を読んでから記載してください。）

帳票種別 `1 7 1 9 1`

1. 個人番号 `9 8 7 6 5 4 3 2 1 × × ×`

2. 被保険者番号 `1 3 × × - 1 2 3 4 5 6 - 1`

3. 事業所番号 `1 3 △ △ - 9 8 7 6 5 4 - ×`

4. 資格取得年月日 `5 - 0 3 0 4 0 1`
（3 昭和 4 平成 5 令和）
元号 年 月 日

5. 離職等年月日 `5 - 0 4 0 3 3 1`
元号 年 月 日

6. 喪失原因 `2`
（1 離職以外の理由 2 3以外の離職 3 事業主の都合による離職）

7. 離職票交付希望 `1`（1 有 2 無）

8. 1週間の所定労働時間 `4 0 0 0`
時間 分

9. 補充採用予定の有無 （空白 無 1 有）

10. 新氏名

フリガナ（カタカナ）

※公安記載欄
共定職所欄

11. 喪失時被保険者種類 （7 季節）

12. 国籍・地域コード（18欄に対応するコードを記入）

13. 在留資格コード（19欄に対応するコードを記入）

14欄から19欄までは、被保険者が外国人の場合のみ記入してください。

14. 被保険者氏名（ローマ字）又は新氏名（ローマ字）（アルファベット大文字で記入してください。）

被保険者氏名（ローマ字）又は新氏名（ローマ字）［続き］

15. 在留カードの番号（在留カードの右上に記載されている12桁の英数字）

16. 在留期間 まで
西暦 年 月 日

17. 派遣・請負就労区分
（1 派遣・請負労働者として主として当該事業所以外で就労していた場合 2 1に該当しない場合）

18. 国籍・地域 （　　　）

19. 在留資格 （　　　）

20. （フリガナ）	ホケン　タロウ	21. 性別	22. 生 年 月 日
被保険者氏名	保険　太郎	男・女	大正 昭和 平成 令和 50年 5月 24日

23. 被保険者の住所又は居所	東京都 羽村市 ○○ △ - ××
24. 事業所名称	農事組合法人 あさがお

25. 氏名変更年月日 令和 　年　月　日

26. 被保険者でなくなったことの原因	自己都合

雇用保険法施行規則第7条第1項の規定により、上記のとおり届けます。

令和 4年 4月 1日

事業主
住　所 東京都 青梅市 ○○ △ - ××
氏　名 農事組合法人 あさがお
　　　　 代表取締役 伊藤 大地
電話番号 0428 - 00 - △△××

青梅 公共職業安定所長 殿

社会保険労務士記載欄	作成年月日・提出代行者・事務代理者の表示	氏　名	電話番号

安定所
備考欄

※	所長	次長	課長	係長	係	操作者	確 認 通 知 年 月 日 令和 　年　月　日

2021. 9

【記入例11】

雇用保険被保険者離職証明書（事業主控）

①被保険者番号	13XX - 123456 - △	③フリガナ	ホケン タロウ	④離職	令和	年 月 日
②事業所番号	13△△ - 987654 - X	離職者氏名	保険 太郎	年月日	令和	4 11 30

| ⑤名称
事業所 所在地
電話番号 | 農事組合法人 あさがお
東京都 青梅市 ○○ △-XX
0428 - 00 - △△XX | ⑥離職者の
住所又は居所 | 〒 205-XXXX
東京都 羽村市 ○○ △-XX
電話番号（042）789 - 0123 |

| 事業主 | 住所　東京都青梅市 ○○ △-XX
農事組合法人 あさがお
氏名　代表取締役 伊藤 大地 | ※離職票交付 令和　年 月 日
（交付番号　　　　番） |

離職の日以前の賃金支払状況等

⑧ 被保険者期間算定対象期間		⑨⑧の期間における賃金支払基礎日数	⑩ 賃金支払対象期間	⑪⑩の基礎日数	⑫ 賃金額			⑬備考
Ⓐ 一般被保険者等	Ⓑ短期雇用特例被保険者等				Ⓐ	Ⓑ	計	
離職日の翌日 12月1日								
11月 1日～ 離職日	離職月	30日	11月 1日～ 離職日	30日	355,000			
10月 1日～10月31日	月	31日	10月 1日～10月31日	31日	355,000			
9月 1日～ 9月30日	月	30日	9月 1日～ 9月30日	30日	355,000			
8月 1日～ 8月31日	月	31日	8月 1日～ 8月31日	31日	355,000			
7月 1日～ 7月31日	月	31日	7月 1日～ 7月31日	31日	355,000			
6月 1日～ 6月30日	月	30日	6月 1日～ 6月30日	30日	355,000			
5月 1日～ 5月31日	月	31日	5月 1日～ 5月31日	31日	355,000			
4月 1日～ 4月30日	月	30日	4月 1日～ 4月30日	30日	355,000			
3月 1日～ 3月31日	月	31日	3月 1日～ 3月31日	31日	355,000			
2月 1日～ 2月28日	月	28日	2月 1日～ 2月28日	28日	355,000			
1月 1日～ 1月31日	月	31日	1月 1日～ 1月31日	31日	355,000			
12月 1日～12月31日	月	31日	12月 1日～12月31日	31日	355,000			
11月 1日～11月30日	月	30日	11月 1日～11月30日	30日	355,000			

| ⑭賃金に関する特記事項 | |

事業主は、公共職業安定所からこの離職証明書（事業主控）の返付を受けたときは、これを4年間保管し、関係職員の要求があったときは提示すること。
本手続きは電子申請による申請も可能です。本手続きについて、電子申請により行う場合には、被保険者が離職証明書の内容について確認したことを証明することができるものを本離職証明書の提出と併せて送信することをもって、当該被保険者の電子署名に代えることができます。また、本手続きについて社会保険労務士が電子申請による本届書の提出に関する手続を事業主に代わって行う場合には、当該社会保険労務士が当該事業主の提出代行者であることを証明することができるものを本届書の提出と併せて送信することをもって、当該事業主の電子署名に代えることができます。

社会保険労務士記載欄	作成年月日・提出代行者・事務代理者の表示	氏　名	電話番号
		㊞	

⑦**離職理由欄**…事業主の方は、離職者の主たる離職理由が該当する理由を1つ選択し、左の事業主記入欄の□の中に○印を記入の上、下の具体的事情記載欄に具体的事情を記載してください。

【離職理由は所定給付日数・給付制限の有無に影響を与える場合があり、適正に記載してください。】

事業主記入欄	離　　　　職　　　　理　　　　由	
□ ………	1　事業所の倒産等によるもの （1）倒産手続開始、手形取引停止による離職	
□	（2）事業所の廃止又は事業活動停止後事業再開の見込みがないため離職	
□	2　定年によるもの 定年による離職（定年　　歳） 定年後の継続雇用 { を希望していた（以下のaからcまでのいずれかを1つ選択してください） { を希望していなかった 　　a　就業規則に定める解雇事由又は退職事由（年齢に係るものを除く。以下同じ。）に該当したため 　　（解雇事由は退職事由と同一の事由として就業規則又は労使協定に定める「継続雇用しないことができる事由」に該当して離職した場合も含む。） 　　b　平成25年3月31日以前に労使協定により定めた継続雇用制度の対象となる高年齢者に係る基準に該当しなかったため 　　c　その他（具体的理由:　　　　　　　　　　　　　　　　　　　　　　　　　　　　　　）	
□ ………	3　労働契約期間満了等によるもの （1）採用又は定年後の再雇用時等にあらかじめ定められた雇用期限到来による離職 　（1回の契約期間　　箇月、通算契約期間　　箇月、契約更新回数　　回） 　（当初の契約締結後に契約期間や更新回数の上限を短縮し、その上限到来による離職に該当　する・しない） 　（当初の契約締結後に契約期間や更新回数の上限を設け、その上限到来による離職に該当　する・しない） 　（定年後の再雇用時にあらかじめ定められた雇用期限到来による離職で　ある・ない） 　（4年6箇月以上5年以下の通算契約期間の上限が定められ、この上限到来による離職で　ある・ない） 　→ある場合（同一事業所の有期雇用労働者に一様に4年6箇月以上5年以下の通算契約期間の上限が平成24年8月10日前から定められて　（いた・いなかった）	
□ ………	（2）労働契約期間満了による離職 　①　下記②以外の労働者 　　（1回の契約期間　　箇月、通算契約期間　　箇月、契約更新回数　　回） 　　（契約を更新又は延長することの確約・合意の　有・無　（更新又は延長しない旨の明示の　有・無　）） 　　（直前の契約更新時に雇止め通知の　有　・　無　） 　　（当初の契約締結後に不更新条項の追加が　ある・ない） 　　労働者から契約の更新又は延長 { を希望する旨の申出があった 　　　　　　　　　　　　　　　　 { を希望しない旨の申出があった 　　　　　　　　　　　　　　　　 { の希望に関する申出はなかった	
	②　労働者派遣事業に雇用される派遣労働者のうち常時雇用される労働者以外の者 　　（1回の契約期間　　箇月、通算契約期間　　箇月、契約更新回数　　回） 　　（契約を更新又は延長することの確約・合意の　有・無　（更新又は延長しない旨の明示の　有・無　）） 　　労働者から契約の更新又は延長 { を希望する旨の申出があった 　　　　　　　　　　　　　　　　 { を希望しない旨の申出があった 　　　　　　　　　　　　　　　　 { の希望に関する申出はなかった 　　a　労働者が適用基準に該当する派遣就業の指示を拒否したことによる場合 　　b　事業主が適用基準に該当する派遣就業の指示を行わなかったことによる場合（指示した派遣就業が取りやめになったことによる場合を含む。） 　　（aに該当する場合は、更に下記の5のうち、該当する主たる離職理由を更に1つ選択し、○印を記入してください。該当するものがない場合は下記の6に○印を記入した上、具体的な理由を記載してください。）	
□ ………	（3）早期退職優遇制度、選択定年制度等により離職	
□ ………	（4）移籍出向	
□	4　事業主からの働きかけによるもの （1）解雇（重責解雇を除く。）	
□	（2）重責解雇（労働者の責めに帰すべき重大な理由による解雇）	
□	（3）希望退職の募集又は退職勧奨 　①　事業の縮小又は一部休廃止に伴う人員整理を行うためのもの	
□	②　その他（理由を具体的に　　　　　　　　　　　　　　　　　　　　　　　　）	
□	5　労働者の判断によるもの （1）職場における事情による離職 　①　労働条件に係る問題（賃金低下、賃金遅配、時間外労働、採用条件との相違等）があったと労働者が判断したため	
□	②　事業主又は他の労働者から就業環境が著しく害されるような言動（故意の排斥、嫌がらせ等）を受けたと労働者が判断したため	
□	③　妊娠、出産、育児休業、介護休業等に係る問題（休業等の申出拒否、妊娠、出産、休業等を理由とする不利益取扱い）があったと労働者が判断したため	
□	④　事業所での大規模な人員整理があったことを考慮した離職	
□	⑤　職種転換等に適応することが困難であったため（教育訓練の　有・無）	
□	⑥　事業所移転により通勤困難となった（なる）ため（旧（新）所在地:　　　　　　）	
□	⑦　その他（理由を具体的に　　　　　　　　　　　　　　　　　　　　　　　）	
☑ ………	（2）労働者の個人的な事情による離職（一身上の都合、転職希望等）	
□ ………	6　その他（1－5のいずれにも該当しない場合） 　（理由を具体的に　　　　　　　　　　　　　　　　　　　　　　　　　　）	
具体的事情記載欄（事業主用）必ず記載してください。 　　　　自己都合		

注1　離職証明書の提出の際には、⑦欄の離職理由を確認できる資料をご持参ください。詳しくは「雇用保険被保険者離職証明書についての注意」をご覧ください。

注2　虚偽の離職理由を記載して、失業等給付を受けたり又は受けようとした場合には不正受給として処分されますので、適正に記載してください。事業主が不正行為をした場合にも、不正に受給した者と連帯して、同様に処分がされますのでご注意ください。

【記入例12】

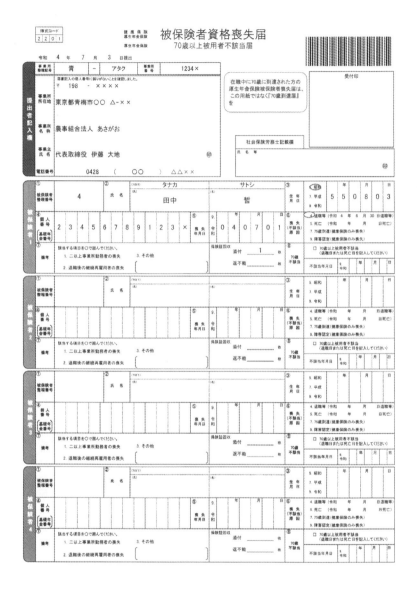

【記入例13】

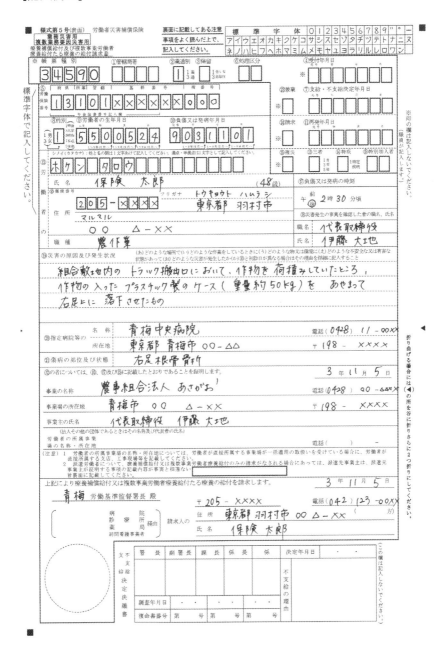

様式第5号（裏面）

㉒その他就業先の有無		
有	有の場合のその数 （ただし表面の事業場を含まない）　　　　　社	有の場合でいずれかの事業で特別加入している場合の特別加入状況 （ただし表面の事業を含まない）
無		労働保険事務組合又は特別加入団体の名称
	労働保険番号（特別加入）	加入年月日　　　　　　　　　　　　　年　　　　　月　　　　　日

［項目記入にあたっての注意事項］

1　記入すべき事項のない欄又は記入枠は空欄のままとし、事項を選択する場合には該当事項を○で囲んでください。（ただし、⑧欄並びに⑨及び⑩欄の元号については、該当番号を記入枠に記入してください。）

2　⑱は、災害発生の事実を確認した者（確認した者が多数のときは最初に発見した者）を記載してください。

3　傷病補償年金又は複数事業労働者傷病年金の受給権者が当該傷病に係る療養の給付を請求する場合には、⑤労働保険番号欄に左詰めで年金証書番号を記入してください。また、⑨及び⑩は記入しないでください。

4　複数事業労働者療養給付の請求は、療養補償給付の支給決定がなされた場合、遡って請求されなかったものとみなされます。

5　㉒「その他就業先の有無」欄の記載がない場合又は複数就業していない場合は、複数事業労働者療養給付の請求はないものとして取り扱います。

6　疾病に係る請求の場合、脳・心臓疾患、精神障害及びその他二以上の事業の業務を要因とすることが明らかな疾病以外は、療養補償給付のみで請求されることとなります。

［その他の注意事項］

　　この用紙は、機械によって読取りを行いますので汚したり、穴をあけたり、必要以上に強く折り曲げたり、のりづけしたりしないでください。

派遣先事業主 証明欄	派遣元事業主が証明する事項（表面の⑩、⑰及び⑲）の記載内容について事実と相違ないことを証明します。		
	年　　月　　日	事業の名称	電話（　　　）　　－
			〒　　　－
		事業場の所在地	
		事業主の氏名	
		（法人その他の団体であるときはその名称及び代表者の氏名）	

社会保険 労務士 記載欄	作成年月日・提出代行者・事務代理者の表示	氏　名	電話番号
			（　　　）　　－

【記入例14表】

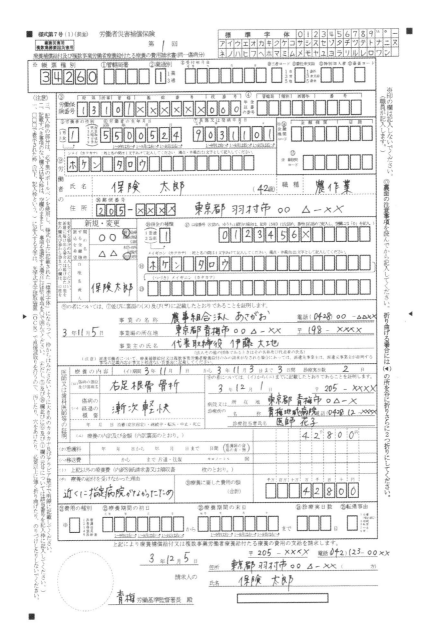

【記入例14裏】

【記入例15表】

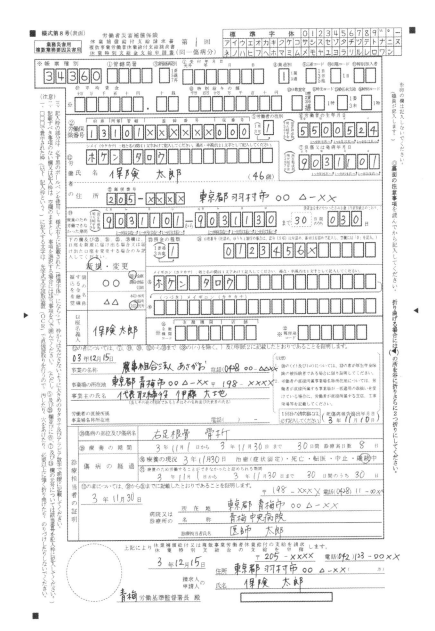

様式第8号（別紙1）　（裏面）

労　働　保　険　番　号				氏　　名	災害発生年月日
府県	所掌	管轄 基幹　番号	枝番号	保険太郎	3 年 11月 1 日
1 3	1	0 1 × × × × ×	0 0 0		

平均賃金算定内訳

（労働基準法第12条参照のこと。）

雇入年月日		2 年 10 月 1 日		常用・日雇の別		（常用）・日雇	
賃金支給方法		（月給）通給・日給・時間給・出来高払制・その他請負制		賃金締切日		毎月 末 日	

A よって支払ったものその他一定の期間に	賃金計算期間		8月 1日から 8月31日まで	9月 1日から 9月30日まで	10月 1日から 10月31日まで	計
	総 日 数		31 日	30 日	31 日	（イ） 92 日
	賃金	基本賃金	250,000 円	250,000 円	250,000 円	750,000 円
		本給 手当	50,000	50,000	50,000	150,000
		住宅 手当	40,000	40,000	40,000	120,000
		通勤 手当	15,000	15,000	15,000	45,000
		計	355,000 円	355,000	355,000	（ロ） 1,065,000 円

B 他若しくは時間又は出来高払制その	賃金計算期間		月 日から 月 日まで	月 日から 月 日まで	月 日から 月 日まで	計
	総 日 数		日	日	日	（イ） 日
	労 働 日 数		日	日	日	（ハ） 日
	賃金	基本賃金	円	円	円	円
		手当				
		手当				
		計	円	円	円	（ニ） 円

総　　計	355,000 円	355,000	355,000	（ホ） 1,065,000 円

平　均　賃　金	賃金総額（ホ）1,065,000 円÷総日数（イ） 92 ＝ 11,576 円 08 銭

最低保障平均賃金の計算方法

Aの（ロ） 1,065,000 円÷総日数（イ）92 ＝ 11,576 円 08 銭（ト）

Bの（ニ） 円÷労働日数（ハ） × 60/100 ＝ 円 銭（チ）

円 銭（ト）＋ 円 銭（チ）＝ 円 銭（最低保障平均賃金）

日々雇い入れられる者の平均賃金（昭和38年労働省告示第52号による。）	第1号又は第2号の場合	賃金計算期間	労働日数又は労働総日数	賃金総額	平均賃金（わ÷り× 73/100）
		月 日から 月 日まで	日	円	円 銭
	第3号の場合	都道府県労働局長が定める金額			円
	第4号の場合	従事する事業又は職業			
		都道府県労働局長が定めた金額			円

漁業及び林業労働者の平均賃金（昭和24年労働省告示第5号による。）	平均賃金協定額の承認年月日	年 月 日 職種	平均賃金協定額	円

① 賃金計算期間のうち業務外の傷病の療養等のため休業した期間の日数及びその期間中の賃金を業務上の傷病の療養のため休業した期間の日数及びその期間中の賃金とみなして算定した平均賃金

（賃金の総額（ホ）－休業した期間にかかる②の（リ）） ÷ （総日数（イ）－休業した期間②の（チ））

（ 円－ 円）÷（ 日－ 日）＝ 円 銭

【記入例15裏】

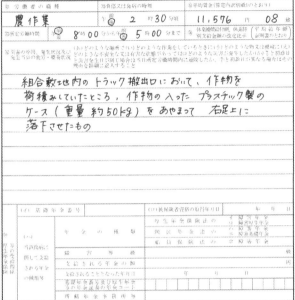

様式第8号（裏面）

㋬ 労働者の職種	㋭負傷又は発病の時刻	㋮平均賃金（算定内訳別紙のとおり）
農作業	午前 2 時30分頃	11,576 円 08 銭

所定労働時間 | ㋜午前 8時00分から午後 5時00分まで

㋩災害の原因、発生状況及び発生当日の就労・療養状況

組合敷地内の トラック搬出口において、作物を
荷積みしていたところ、作物の入った プラスチック製の
ケース（重量 約50kg）を あやまって 右足上に
落下させたもの

様式第8号（別紙1）　（裏面）

② 業務外の傷病の療養等のため休業した期間 及びその期間中の賃金の内訳				
賃　金　計　算　期　間	月　　日から 月　　日まで）	月　　日から 月　　日まで）	月　　日から 月　　日まで）	計
業務外の傷病の療養等のため 休業した期間の日数	日	日	日　日	日
業務外の傷病の療養等のため休業した期間中の賃金	基　本　賃　金	円	円	円	円
	手　当				
	手　当				
	計	円	円	円　円	円
休　業　の　事　由				

	支　払　年　月　日	支　払　額
③ 特 別 給 与 の 額	3 年　6 月　10 日	100,000 円
	年　　月　　日	円
	年　　月　　日	円
	年　　月　　日	円
	年　　月　　日	円
	年　　月　　日	円
	年　　月　　日	円

[注　意]
　③欄には、負傷又は発病の日以前2年間（雇入後2年に満たない者については、雇入後の期間）に支払われた労働基準法第12条第4項の3箇月を超える期間ごとに支払われる賃金（特別給与）について記載してください。
　ただし、特別給与の支払時期の臨時的変更等の理由により負傷又は発病の日以前1年間に支払われた特別給与の総額を特別支給金の算定基礎とすることが適当でないと認められる場合以外は、負傷又は発病の日以前1年間に支払われた特別給与の総額を記載して差し支えありません。

関係機関のご案内

厚生労働省ホームページ
　福祉、健康・医療・衛生対策、保険・年金、雇用対策・職場環境の改善などを所管する厚生労働省のホームページです。

日本年金機構ホームページ
　年金の制度や手続き、申請・届出様式、年金相談（電話・窓口）などが調べられる日本年金機構のホームページです。

小規模企業共済（中小機構）ホームページ
　小規模企業の役員や個人事業主の退職金制度である小規模企業共済のホームページです。

中小企業退職金共済（中退共）ホームページ
　中小企業の従業員の退職金制度である中小企業退職金共済のホームページです。

キリン社会保険労務士事務所ホームページ
　　　　　　　（本書著者／特定社会保険労務士・入来院重宏の事務所です）
　労働・社会保険法規、人事・労務の専門家として多岐にわたる業務サービスをご提供しております。企業の発展と働く人々の福祉の向上を図ることに全力で取り組んでまいります。
　〒184-0004　東京都小金井市本町1-8-14 サンリープ小金井305
　Tel：042（316）6420 ／ Fax：042（316）6430
　e-mail：irikiin@kirin-office.com

〈プロフィール〉

入来院　重宏
いりきいん　しげひろ

昭和36年生まれ、昭和60年武蔵大学経済学部卒業

社会保険労務士、東京都社会保険労務士会会員

損害保険会社勤務を経て、平成14年にキリン社会保険労務士事務所を開業。

　東京都農業会議農業経営指導スペシャリスト、日本政策金融公庫「農業経営アドバイザー制度」講師。

　(一社)全国農業会議所、全国農業協同組合中央会、(公社)全国農業共済協会、(公社)日本農業法人協会、全国森林組合連合会等の顧問社会保険労務士。

　中小企業やベンチャー企業、農畜産団体等に対して、労働・社会保険の事務手続から日常の労務管理のアドバイスや給与計算、就業規則の作成等を行う。また、「全国農業新聞」「のうねん（農業者年金広報誌）」等紙誌への執筆、農業会議等主催の認定農業者向け研修会や農業法人向け研修会等の講師も多数手がけている。

3訂　農業の労務管理と労働・社会保険　百問百答
付：記載例付主要届出様式集

平成17年11月　初版
平成19年11月　改訂増補版
平成23年5月　改訂3版
平成29年11月　改訂4版
令和4年12月　3訂

定価1,650円（本体1,500円＋税）
送料実費

編集
発行　一般社団法人 全国農業会議所

〒102-0084　東京都千代田区二番町9-8
中央労働基準協会ビル2階
電話　03-6910-1131　FAX　03-3261-5134
全国農業図書コード　R04-22

落丁、乱丁はお取り替えいたします。